SAMMLUNG GÖSCHEN BAND 414/414a

DIE HEBEZEUGE

ENTWURF VON WINDEN UND KRANEN

von

PROF. i. R. GEORG TAFEL
vormals Direktor der staatl. Ingenieurschule Eßlingen/N.

Zweite, verbesserte Auflage

Mit 230 Figuren

WALTER DE GRUYTER & CO.
vormals G. J. Göschen'sche Verlagshandlung · J. Guttentag,
Verlagsbuchhandlung · Georg Reimer · Karl J. Trübner · Veit & Comp.

BERLIN 1954

Archiv-Nr. 11 04 14
Druck von Thormann & Goetsch, Berlin SW 61
Printed in Germany

Inhaltsverzeichnis

Seite

Einleitung 5

A. Allgemeine Gesichtspunkte für den Entwurf von Hebezeugen 5

B. Besondere technische Gesichtspunkte bei Hebezeugen 6

a) Betriebsweise und Beanspruchung 6

b) Energieumwandlung 8

I. Räderwerke 10

A. Berechnung 10

a) Übersetzung ohne Reibungsverluste 10

b) Übersetzung mit Reibungsverlusten. Wirkungsgrade 12

c) Leistung. Energie 13

d) Vorgehen beim Entwurf einer Motorwinde 15

e) Vorgehen beim Entwurf einer Handwinde 15

B. Einzelteile von Räderwerken 16

a) Stirnräder. Berechnungsbeispiel 16

b) Kegelräder 22

c) Reibräder 22

d) Schneckengetriebe. Berechnungsbeispiel 22

e) Wellen 26

f) Achsen 27

g) Lager 29

h) Kupplungen 31

II. Hubwerke. Allgemeines 32

A. Zug von oben durch Seile oder Ketten 33

1. Seilwinden 33

a) Trommelwinden. Rollenzüge 33

b) Treibscheibenwinden 38

c) Seile 40

d) Seilverbindungen 45

e) Seilrollen 46

f) Seiltrommeln 46

2. Kettenwinden 50

a) Gliederketten 50

b) Gelenkketten 53

c) Vergleich zwischen Drahtseil, Glieder- und Gelenkkette 55

3. Trag- und Greifzeuge (Lastaufnahmemittel) 55

a) Haken 56

b) Zangen 59

c) Selbstgreifer 63

d) Hebemagnete 67

B. Druck von unten mit Bewegungsschrauben 68

III. Fahrwerke. Allgemeines 70

A. Laufkatzen 71

1. Einschienenwinden. Untergurt- und Obergurtkatzen 71

2. Zweischienenwinden. Selbstfahrende Katzen. Gezogene Katzen. Gestell 75

B. Fahrbare Krane 81

1. Bockkrane. Verladebrücken 81

2. Kabelkrane 83

3. Lauf-, Handlauf-, Elektrische Normalkrane. Träger. Sonderbauarten 85

4. Wandlaufkrane 93

C. Entwurf der Fahrwerke 95

1. Fahrwiderstand 95

Seite
2. Raddrücke 98
3. Zapfen 99
4. Laufräder 101
5. Zusätzliche Fahrwiderstände 103
6. Leistung und Übersetzung 105
7. Entwurfvorgang 105
IV. **Drehwerke. Allgemeines** 106
A. Grundformen 107
1. Halslagerkrane 107
a) Formen 107
b) Kräfteverlauf in den Bauteilen. Drehbarer Teil. Säule. Fußplatte. Fundament 111
c) Schwenkmoment bei Halslagerkranen 117
2. Drehscheibenkrane 119
a) Standfestigkeit 119
b) Schwenkmoment bei Drehscheibenkranen 121
B. Drehkrane mit erweitertem Arbeitsbereich 122
1. Drehkrane mit Laufkatze 122
2. Drehkrane mit Wippauslegern 123
3. Fahrbare Drehkrane 128
a) Formen 128
b) Standfestigkeit und Raddrücke. Fahrradkrane 133
c) Fahrwerk 136
C. Ausführung der Drehwerke 138
V. **Sicherheitsvorrichtungen** 139
A. Gliederung 140
B. Bauformen 141
1. Gesperre 141
a) Zahngesperre 141
b) Klemmgesperre 142
2. Gesteuerte Bremsen 143
a) Backenbremsen 143
b) Bandbremsen 148
c) Sperradbremsen 151
d) Sicherheitskurbeln 152
3. Selbsttätige Bremsen 153
a) Lastdruckbremsen 153
b) Schleuderbremsen 156
C. Auswahl der Sicherheitsvorrichtungen 157
VI. **Antriebe** 158
A. Menschenkraft 158
B. Elektrischer Antrieb 158
a) Stromart und Bauart der Elektromotoren 159
b) Bestimmung der Motorgröße 161
c) Steuerung der Elektromotoren 161
C. Andere Antriebsarten. Dampf. Verbrennungsmotoren. Druckwasser. Druckluft. Riemenantrieb 165
VII. **Dynamisches. Anlauf. Auslauf** 167
A. Hubwerke 168
B. Fahrwerke 171
C. Drehwerke 173
Aus der Literatur 174
Register 175

Einleitung

Die „Hebezeuge“ bilden einen wichtigen Zweig der „Fördertechnik“. Außer einer Übersicht über die Bauformen und Arbeitsweisen von Winden und Kranen soll hier vor allem eine Anleitung gegeben werden für den Entwurf derselben.

A. Allgemeine Gesichtspunkte für den Entwurf von Hebezeugen

Drei Umstände erleichtern bei Hebezeugen — mehr als bei andern Maschinengattungen — ein selbständiges freies Gestalten:

1. Lastgröße und Geschwindigkeit sind durch die gestellte Aufgabe zahlenmäßig genau gegeben und gestatten eine rechnerisch klare und durchsichtige Anwendung von Technischer Mechanik und Festigkeitslehre. 2. Nicht vorhanden sind hier verwickelte physikalische und chemische Einflüsse, Wärme- und Strömungsvorgänge, wie sie bei Kraftmaschinen vorliegen und langjährige Erfahrung und Versuche voraussetzen. 3. Durch die Vielfalt der örtlich verschiedenen Förderaufgaben ist der schöpferischen Phantasie freie Bahn gelassen für den Gesamtaufbau der Maschinen aus den Elementen des allgemeinen Maschinenbaus, zu denen sich nur einige Elemente gesellen, die dem Hebezeugbau eigentümlich sind.

Beim Entwerfen gibt es keinen richtigen Lösungsweg wie bei mathematischen Aufgaben. Man kommt vielmehr durch vergleichendes Vortasten, durch öfteres Umzeichnen und Umrechnen schrittweise auf eine Gestaltung, die man vorläufig für die beste hält. Alsdann prüft man sie auf Fertigungsmöglichkeiten, bequemen Aus- und Einbau, auf Gewicht und Wirtschaftlichkeit. Der endgültige Entwurf muß bei größeren Kranen bis in alle Einzelheiten festgelegt werden, da sie oft erst an der Baustelle zusammengebaut werden können und auch ohne Werkstattversuch sofort einwandfrei arbeiten müssen.

Sinngemäß muß sich eine kurze Anleitung zum Entwerfen beschränken auf Klarstellung der mechanischen Zusammenhänge, auf Angabe der Gründe, die für die Auswahl der einzelnen Konstruktionen sprechen und auf einzelne Rechenbeispiele. Auf fertige Rezepte und Formeln, die so oft am falschen Platz angewendet werden, wurde kein Wert gelegt. Auf die einschlägigen DIN-Normen wurde verwiesen; aus Raumgründen konnten sie nicht abgedruckt werden. Es wird daher der gleichzeitige Gebrauch eines der bekannten Taschenbücher für den Maschinenbau empfohlen.

B. Besondere technische Gesichtspunkte bei Hebezeugen

a) Betriebsweise und Beanspruchung

Die Bemessung der Bauteile und der Antriebsleistungen hängt ab von der Art und dem Grad der im Betrieb zu erwartenden Beanspruchungen, für welche folgende 3 Kenngrößen gelten:

1. Relative oder „bezogene" Arbeitsdauer

Winden und Krane unterscheiden sich von den Dauerförderern (Förderbänder, Becherwerke u. ä.) durch absatzweisen — unstetigen — Betrieb. Ein fahrbarer Hafendrehkran (Abb. 188) hebt aus einem Schiff eine Last hoch, schwenkt seinen Ausleger, fährt zur Entladestelle, senkt und setzt dort die Last ab; dann fährt und schwenkt er zurück und senkt den leeren Haken wieder ins Schiff. Diese Vorgänge bilden zusammen ein „Kranspiel", dem entweder ein neues Spiel oder eine beliebige Pause folgt. Innerhalb des Kranspiels arbeiten die einzelnen Triebwerke — Hubwerk, Drehwerk, Fahrwerk — nur während eines Bruchteils Ta der ganzen Spieldauer T und haben dann eine Pause T_p. Je länger diese Pause ist, desto kürzer ist das Einzeltriebwerk samt Motor und Steuerung beansprucht und desto kleiner ist die „relative Arbeitsdauer $A = \frac{Ta}{Ta + Tp}$

2. Relative oder „bezogene" Belastung

Darunter versteht man das Verhältnis der Durchschnittslast zur Höchstlast. Arbeitet der obige Drehkran mit einem Selbstgreifer für Kohle (Abb. 187), der ja stets ganz gefüllt wird, so trägt er regelmäßig Vollast und hat daher große relative Belastung. Diese ist dagegen klein bei einem Werkstattkran, der abwechselnd Lasten verschiedenster Größe zu fördern hat (Teillasten) und nur selten seine volle Tragfähigkeit ausnützt.

3. Stöße

Bei hohen Arbeitsgeschwindigkeiten und rauhem Betrieb sind heftigere Stöße zu erwarten, während bei langsamem Tempo und schonender Behandlung nur gewöhnliche Stöße auftreten.

Nach dem Gesichtspunkt, wieviele dieser 3 Kenngrößen bei einem Krantyp groß oder klein sind (Arbeitsdauer A oder a, Belastung B oder b, Stöße S oder s) ist in DIN 120 (Grundsätze für Berechnung und bauliche Durchbildung der Stahlkonstruktionen von Kranen) eine Gruppeneinteilung von Kranen aufgestellt worden, die sinngemäß auch für den maschinellen Teil gelten kann:

Gruppe	Kenngrößen		Beispiele
I	alle 3 klein	a, b, s	Kleinhebezeuge, Handkrane
II	2 klein, 1 groß	a, b, S od. a, B, s, od. A, b, s	Werkstattkrane Stückgutkrane
III	1 klein, 2 groß	a, B, S od. A, b, S od. A, B, s	Greiferkrane
IV	alle 3 groß	A, B, S	die meisten Hüttenkrane

Entsprechend dieser Einteilung, die auf der Verschiedenheit von Betriebsweise und Beanspruchung beruht, wird man finden, daß die Ausführungen von Kranen, die an sich für dieselbe Tragkraft gebaut sind, doch recht starke Abweichungen zeigen nach Ausstattung, Gewicht und Preis.

b) Energieumwandlung

Verlangt wird zum Heben und Verfahren von Lasten eine geradlinige Kraftäußerung zur Überwindung von Schwerkraft und Bewegungswiderständen. Als Antrieb steht aber zur Verfügung das Drehmoment an der Welle eines Motors (Elektromotor, Dampfmaschine, Dieselmotor), einer Handkurbel oder eines Haspelrads. Eine Ausnahme bildet die geradlinige Triebkraft des hydraulischen Kolbens.

Aufgabe der Hebezeuge ist die geeignete Umwandlung der zur Verfügung stehenden in die verlangte Energieform. Dies geschieht

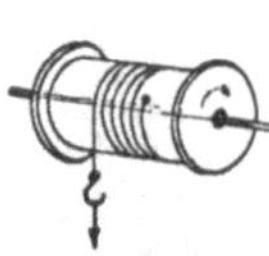
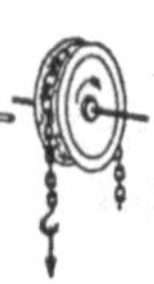

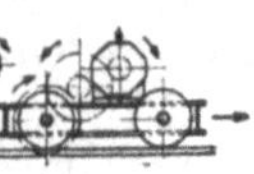

Abb. 1 Abb. 2 Abb. 3 Abb. 4 Abb. 5

1. durch Vorrichtungen, welche drehende Bewegung in fortschreitende verwandeln. Es sind dies Seil- oder Kettentrommel (Abb. 1), Seil- oder Kettentreibrad (Abb. 2), Schraube (Abb. 3), Zahnstange (Abb. 4) und Laufrad (Abb. 5);

2. durch die Übersetzung, meist in Form von Zahnrädern, welche das kleine Antriebsmoment mit hoher Drehzahl in ein großes Drehmoment mit entsprechend kleinerer Drehzahl umsetzt.

Die Größe der aufgewendeten Antriebsenergie bleibt theoretisch erhalten, praktisch wird sie um die unvermeidlichen Getriebeverluste verringert.

Eine zusätzliche Energie muß vom Antrieb aufgebracht werden, um geradlinig bewegte und sich drehende Massen beim Beginn der Bewegung zu beschleunigen. Diese Energie wird am Ende der Bewegung wiedergewonnen oder durch Bremsung vernichtet. Die meisten Hebezeuge haben nur mäßige Fördergeschwindigkeiten. Zum Anlauf stehen einige Sekunden zur Verfügung. Zur Beschleunigung der Massen genügen daher in der Regel 50 bis 150 v.H. des im Beharrungszustand nötigen Antriebsmoments. Da nun sowohl der Elektromotor wie der Mensch das 1,5 bis 2,5fache Drehmoment auf wenige Sekunden unbeschadet abgeben können, darf man die Entwurfsrechnungen unter Vernachlässigung der Beschleunigungen rein statisch auf den Beharrungszustand gründen. Nur bei besonders hohen Fördergeschwindigkeiten (z. B. Fördermaschinen im Bergwerk), bei Antriebsmotoren ohne Überlastbarkeit (Verbrennungsmotoren) und bei Drehkranen werden die dynamischen Verhältnisse schon beim ersten Entwurf berücksichtigt

I. Räderwerke

A. Berechnung

Bei Winden ist fast immer das Antriebsmoment kleiner als das gewünschte Nutzmoment. Zur Umwandlung müssen Übersetzungen, d. h. Stirnrad — Kegelrad — oder Schneckenvorgelege eingeschaltet werden. Berechnungsgrundlage von Übersetzungen ist das Verhältnis von Drehmomenten und Drehzahlen und nicht etwa dasjenige von Kräften oder Geschwindigkeiten. Zahndrücke und Lagerdrücke, die man zum Konstruieren benötigt, sind aus den Drehmomenten, Umfangsgeschwindigkeiten aus den Drehzahlen abzuleiten. Getriebeverluste werden durch Rechnen mit Wirkungsgraden berücksichtigt.

a) Übersetzung ohne Reibungsverluste

Sind zwei Wellen durch Zahnräder verbunden, so haben letztere im Berührungspunkt der Teilkreise sowohl gleiche Umfangsgeschwindigkeiten v als auch gleiche (aber entgegengesetzt gerichtete) Zahndrücke Z (Abb. 6). Ist $r_2 = i \cdot r_1$, z. B. $r_2 = 5 \cdot r_1$, so rollt bei einer Umdrehung des großen Rads der Umfang des kleinen Rads $i = 5$mal auf dem großen ab, die minutliche Drehzahl n_1 ist also $i = 5$mal größer als n_2. Nach DIN 868 ist Übersetzung $i = \frac{\text{Drehzahl treibendes Rad}}{\text{Drehzahl getriebenes Rad}} = \frac{n_1}{n_2} = \frac{5}{1}$ ins Langsame. Umgekehrt gibt aber derselbe Zahndruck Z am Hebelarm r_2 des großen Rads ein $i = 5$mal größeres Moment als am kleinen Hebelarm r_1, also ist $M_2 = 5\,M_1$ oder $= \frac{M_1}{M_2} = \frac{Z \cdot r_1}{Z \cdot r_2} = \frac{r_1}{r_2} = \frac{1}{5} = \frac{1}{i}$.

Bei Übersetzung ins Langsame nehmen also die Drehzahlen im Verhältnis der Übersetzung **ab**; die Drehmomente hingegen nehmen **zu**, was beides bei Winden erwünscht ist.

Als anschauliches Zahlenbeispiel diene das Schema einer Hubwinde für 3 t Last am Hubseil, Motordrehzahl $n_1 = 1500$ U/min und Seiltrommeldurchmesser $D = 500$ mm (Abb. 7 u. Tabelle I).

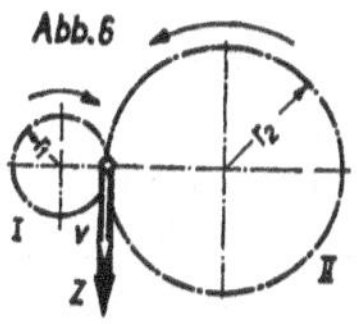

Abb. 6

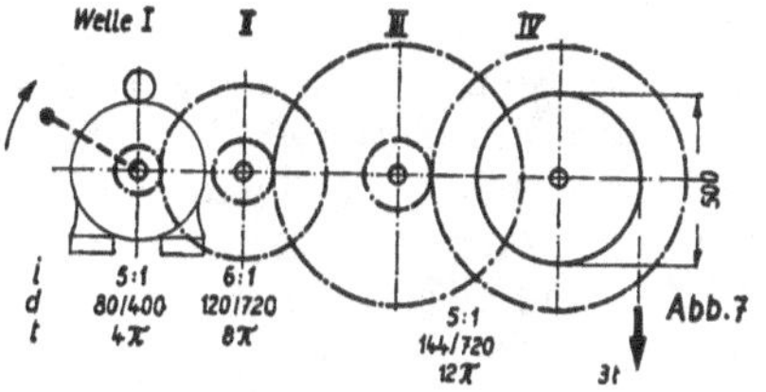

Abb. 7

	Welle			I	II	III	IV
				a) Motorwinde			
1	Drehzahl	n	U/min	1500	300	50	10
2	Drehmoment (ohne Reibung)	M_0	mkg	5	25	150	750
3	Wirkungsgrad	η		0,96	0,95	0,95	0,96
4	Moment (mit Reibung) $M = M_0/\eta$	M	mkg	$\frac{29}{5 \cdot 0{,}96} = 6$	$\frac{165}{6 \cdot 0{,}95} = 29$	$\frac{782}{5 \cdot 0{,}95} = 165$	$\frac{750}{0{,}96} = 782$
5	Rücktriebmoment $M' = M_0 \cdot \eta$	M'	mkg	$\frac{21{,}6 \cdot 0{,}96}{5} = 4{,}15$	$\frac{136{,}5 \cdot 0{,}95}{6} = 21{,}6$	$\frac{720 \cdot 0{,}95}{5} = 136{,}5$	$750 \cdot 0{,}96 = 720$
6	Produkt $M_0 \cdot n$ ~ theor. Leistung			7500	7500	7500	7500
	theor. Leistung $N_0 = M_0 \cdot n/975$	N_0	kW	7,7	7,7	7,7	7,7
7	$M \cdot n$ ~ Leistung			9015	8700	8250	7820
	Leistung $N = \frac{M \cdot n}{975}$	N	kW	9,3	8,9	8,5	8
				b) Handwinde (Zeile 2, 3, 4 und 5 bleiben unverändert.)			
1	Drehzahl	n	U/min	20	4	0,67	0,133
6	theor. Leistung $L_0 = M_0 \cdot \omega = M_0 \cdot 2\pi n/60$	L_0	mkg/sec	$5 \cdot \frac{20 \cdot 2\pi}{60} = 10{,}5$	$25 \cdot \frac{4 \cdot 2\pi}{60} = 10{,}5$	$150 \cdot \frac{0{,}67 \cdot 2\pi}{60} = 10{,}5$	$750 \frac{0{,}133 \cdot 2\pi}{60} = 10{,}5$
7	Leistung $L = M \cdot \omega = M \cdot 2\pi n/60$	L	mkg/sec	$6 \cdot \frac{20 \cdot 2\pi}{60} = 12{,}6$	$29 \frac{4 \cdot 2\pi}{60} = 12{,}1$	$165 \cdot \frac{0{,}67 \cdot 2\pi}{60} = 11{,}5$	$782 \cdot \frac{0{,}133 \cdot 2\pi}{60} = 10{,}9$

Tabelle 1

In **Zeile 1** nehmen die Drehzahlen, ausgehend vom gegebenen $n_1 = 1500$, vom Motor zur Trommel hin der Übersetzung gemäß **ab**.

In **Zeile 2** nehmen die Momente vom Motor zur Trommel hin der Übersetzung gemäß **zu**. Gerechnet wurden sie von rechts nach links, ausgehend vom gegebenen Trommelmoment 3000 kg × 0,25 m = 750 mkg.

b) Übersetzung mit Reibungsverlusten. Wirkungsgrade

Die unvermeidlichen Reibungsverluste und sonstigen inneren Widerstände haben keinen Einfluß auf die Drehzahlen, da es sich hierbei um rein geometrische, durch die Zähnezahlen festgelegte Bewegungsänderungen handelt, wohl aber auf die Drehmomente. An jeder einzelnen Vorgelegewelle braucht man über das durch die Übersetzung bestimmte Drehmoment M_0 hinaus noch ein zusätzliches Moment M_w zur Überwindung der Widerstände. Da aber deren Größe zu Beginn eines Entwurfs ohne Kenntnis der erst später festzulegenden Verzahnungen, Wellendurchmesser und Lagerabstände noch nicht klar liegt, ist es vorteilhaft und üblich, mit verhältnismäßigen Beziehungen, die der Erfahrung entnommen sind, — den „Wirkungsgraden" — zu rechnen (für jede einzelne Welle).

Dabei ist der Wirkungsgrad $\eta = \frac{M_0}{M_0 + M_w} < 1 = \frac{\text{nutzbares Moment}}{\text{tatsächlich aufzubringendes Moment}}$, z. B.: $\eta = 0{,}95 =$ 95 v. H. Umgekehrt geschrieben: $M_0 = \eta \cdot M =$ derjenige Teil des tatsächlich aufzubringenden Moments, der nutzbar wird; oder: $M = \frac{M_0}{\eta} = \frac{M_0}{0{,}95}$; das tatsächlich aufzubringende Moment ist immer größer als das nutzbare oder theoretische Moment.

Mutmaßliche Werte von Wirkungsgraden, wobei die an den einzelnen Wellen auftretenden Widerstände zusammengefaßt sind; die an den Eingriffsstellen auftretenden Zahnreibungsverluste werden bei der treibenden Welle mitgerechnet:

für Wellen mit Seiltrommeln oder Kettenrädern	$\eta = 0{,}96$
Vorgelegewellen; Zähne roh gegossen; Gleitlager	0,92

Vorgelegewellen; Zähne gefräst; Gleitlager	0,94—0,95
Vorgelegewellen; Zähne gefräst; Wälzlager	0,96—0,97
Wellen in Getriebekästen; Zähne genau geschnitten; Ringschmier- oder Wälzlager	0,97—0,99

Zeile 3 der Tabelle I enthält die 4 Wirkungsgrade für die 4 Wellen.

Zeile 4 gibt die Berechnung der tatsächlichen Momente M auf Grund der obigen η, wieder wie bei Zeile 2 von der Trommel ausgehend, zum Motor hin. An der Motorwelle erscheint jetzt $M=6$ mkg gegenüber dem theoretischen Moment $M_0=5$ mkg (in Zeile 2). Der Gesamtwirkungsgrad ist demnach $\eta_{ges.} = \frac{M_0}{M} = \frac{5}{6} = 0{,}83$. Probe: Gesamtwirkungsgrad=Produkt der Einzelwirkungsgrade$=\eta_1 \times \eta_2 \times \eta_3 \times \eta_4 = 0{,}96 \times 0{,}95 \times 0{,}95 \times 0{,}96 = 0{,}83$.

Zeile 5 gibt die Rücktriebmomente der Last auf das Getriebe bis zur Antriebswelle. Die Last, die bei ausgeschaltetem Motor sinkt, oder, wenn auf der Motorwelle abgebremst, zu sinken strebt, treibt die Winde rückwärts an und muß ihrerseits einen Teil ihrer Wirkung abgegeben zur Bewältigung der Reibungsverluste. Die Rücktriebmomente $M' = M_0 \cdot \eta$ sind daher kleiner als die theoretischen Momente M_0; sie sind maßgebend für das Senken und für die Bemessung der Bremsen.

c) Leistung. Energie.

Die Definition der Leistung ist: $L_0 = \frac{\text{Arbeit}}{\text{Zeit}} = \frac{\text{Kraft} \times \text{Weg}}{\text{Zeit}} = \frac{P\,[kg] \times s\,[m]}{t\,[sec]} = P[\text{kg}] \times v[\text{m/sec}]$

$= \text{Kraft} \times \text{Geschwindigkeit oder} = P_0 \cdot (r \cdot \omega)$

$= (P_0 \cdot r)\, \omega = M_0\ [\text{mkg}] \times \omega\ [1/\text{sec}]$

$= \text{Moment} \times \text{Winkelgeschwindigkeit}\ [\text{mkg/sec}]$.

Die großen technischen Einheiten sind „Kilowatt" (= 102 mkg/sec) und „Pferdestärke" (= 75 mkg/sec).

Theoretische Motorleistung: $N_0 = \frac{P_0 \cdot v}{102}$ kW oder $= \frac{P_0 \cdot v}{75}$ PS oder $= \frac{M_0 \cdot \omega}{102}$ kW oder $= \frac{M_0 \cdot \omega}{75}$ PS. Setzt man für ω seinen Wert $\frac{2\pi n}{60}$ ein, so erhält man

$N_0 = \frac{M_0 \cdot n}{975}$ kW oder $\frac{M_0 \cdot n}{716}$ PS. $M_0 \cdot n$ ist also eine Größe proportional der Leistung.

Betrachtet man nun Zeile 6, wo für jede Welle das Produkt aus Zeile 1 und 2 hergestellt ist, so ergibt sich, daß die vom Motor nutzbar aufgewendete Energie in allen Teilen der Winde in gleicher Stärke weiter wirkt und nur in anderer Form auftritt, was auch die folgenden Proberechnungen dartun:

Lastgeschwindigkeit $v = \frac{D \cdot \pi \cdot n}{60} = \frac{0{,}5 \cdot \pi \cdot 10}{60} = 0{,}262$ m/sec $= 15{,}7$ m/min.

Nutzleistung an der Last: $N_0 = \frac{Q \cdot v}{102} = \frac{3000 \cdot 0{,}262}{102} = 7{,}7$ kW wie am Motor.

An der Eingriffsstelle der Zahnräder 120/720 mm ∅ zwischen Welle II und III ist $v = \frac{0{,}12 \cdot \pi \cdot 300}{60}$ oder $= \frac{0{,}72 \cdot \pi \cdot 50}{60} =$ 1,89 m/sec;

Zahndruck $Z_0 = \frac{25 \text{ mkg}}{0{,}06 \text{ m}}$ oder $= \frac{150 \text{ mkg}}{0{,}36 \text{ m}} = 417$ kg;

also Leistung $N_0 = \frac{Z_0 \cdot v}{102} = \frac{417 \cdot 1{,}89}{102} = 7{,}7$ kW wie oben; und so fort.

Zeile 7 bringt das Produkt $M \cdot n$ aus Zeile 1 und 4 und die tatsächlichen Leistungen $N = \frac{M \cdot n}{975}$, die nun nicht mehr alle gleich sind. Am größten ist die am Motor zuführende Leistung $N = 9{,}3$ kW. Von ihr wird an jeder Welle ein kleiner Teil zur Bewältigung der Reibungsverluste abgezweigt, bis an der Trommel die Nutzleistung $N_0 = 8 \cdot 0{,}96 = 7{,}7$ kW abgeführt wird. Abb. 8 stellt die so erhaltene Energiebilanz der Winde dar.

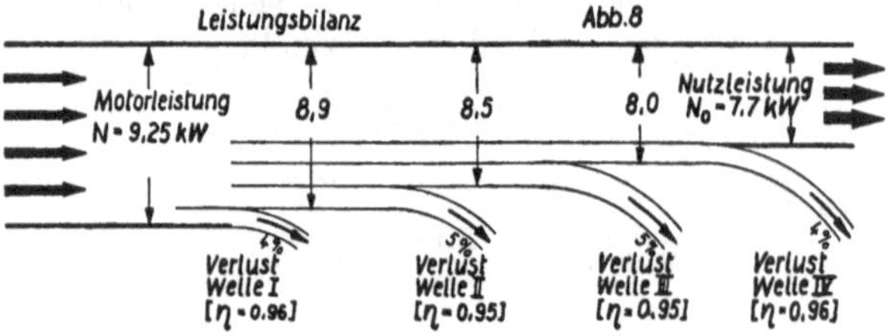

Aus dem Gesamtwirkungsgrad folgt unmittelbar: $N = \frac{N_o}{\eta_{ges}} = \frac{7,7}{0,83} = 9,3$ kW.

d) Vorgehen beim Entwurf einer Motorwinde.

Verlangt sei: Heben einer Last von 3 t mit einer Geschwindigkeit von 15,7 m/min. Damit wird die Nutzleistung $N_o = \frac{3000 \cdot 15,7}{102 \cdot 60} = 7,7$ kW. Die Liste einer Elektrofirma zeigt, daß Motoren in dieser Größe Drehzahlen von 1500 U/min haben können. Seildurchmesser (18 mm) und Trommeldurchmesser (500 mm) erhält man aus den Formeln nach DIN 4130 (s. auch S. 42 und Abb. 42).

Damit wird Trommeldrehzahl $n_{Tr} = \frac{v\ [\text{m/min}]}{D\,[\text{m}] \cdot \pi} = \frac{15,7}{0,5 \cdot \pi} = 10$ U/min. also Gesamtübersetzung $i_{ges} = \frac{n_{Motor}}{n_{Trommel}} = \frac{1500}{10} = \frac{150}{1}$; Unterteilung in 3 Stirnradvorgelege, daher 4 Wellen und 4 Wirkungsgrade, die je nach geplanter Ausführung eingesetzt werden. Das Produkt der 4 η möge 0,83 betragen; dann ist die wirkliche Motorleistung $N = \frac{N_o}{\eta_{ges}} = \frac{7,7}{0,83} = 9,3$ kW. Nun folgt Bestimmung der Zähnezahlen, Teilungen und Durchmesser, zweckmäßig in Form einer Tabelle.

e) Vorgehen beim Entwurf einer Handwinde

Wegen der recht beschränkten Leistung bei Handbetrieb kann man die Hubgeschwindigkeit nicht frei wählen. Man berechnet daher die Übersetzung aus dem Vergleich des verlangten Lastmoments mit dem Nutzmoment an der Handkurbel oder am Haspelrad. Durchschnittliche Kraft eines Arbeiters 15 kg an einer Kurbel von höchstens 0,4 m; wirkliches Antriebsmoment also $15 \cdot 0,4 = 6$ mkg. Wird η_{ges} vorläufig geschätzt zu 0,9, so ist $M_o = 0,9 \cdot 6 = 5,4$ mkg. Lastmoment 3000 kg · 0,25 m = 750 mkg. Vorläufige Übersetzung $i = \frac{\text{Lastmoment}}{\text{nutzb. Antriebsmom.}} = \frac{750}{0,9 \cdot 6} = \frac{139}{1}$. Unterteilung in 3 Vorgelege, also 4 Wellen, 4 η. Produkt der 4 angenommenen η

sei $\eta_{ges} = 0{,}83$; dann ist endgültige Übersetzung $i = \frac{750}{0{,}83 \cdot 6} = \frac{150}{1}$. Nimmt man $\eta = 20$ U/min als mögliche Drehzahl an der Kurbel an, so ist $N = \frac{M \cdot n}{975} = 0{,}123$ kW $=$ rd. $\frac{1}{8}$ kW oder $= \frac{1}{6}$ PS. Mit diesen Leistungszahlen kann man überschlägig für eine gegebene Last die erreichbare Hubgeschwindigkeit vorausbestimmen und auch denselben Rechnungsgang einschlagen wie bei den Motorwinden. Die Tabelle I ist ergänzt für die Handwinde. Zeile 1', 6' und 7' sind entsprechend geändert. Zeile 2, 3, 4 und 5 bleiben unverändert.

B. Einzelteile von Räderwerken

Die allgemeine Bauart der zu den Räderwerken gehörenden Maschinenteile wird als bekannt vorausgesetzt. Es folgen nur einige Bemerkungen über ihre Ausbildung und Berechnung bei Hebezeugen.

a) Stirnräder

Zur Bestimmung der Abmessungen von Stirnrädern liegen genaue, auf wissenschaftlichen Untersuchungen beruhende, in vielerlei Formeln und Tabellen niedergelegte Berechnungsweisen vor, die bei besonders wichtigen hochbeanspruchten Antrieben und bei Serienfertigung am Platze sind. Für Hebezeuge hat sich besonders die Berechnung nach Wissmann und Niemann eingeführt (vgl. Hütte Bd. II 27. Aufl. S. 228 bis 236), welche Walzenpressung, Grübchenbildung, Biegung und Lebensdauer berücksichtigt.

Hier soll nur die bekannte, auf der Biegungsbeanspruchung des Zahnfußes beruhende Bachsche Formel behandelt werden, die für die normalen Fälle genügt und vor allem bequem ist für den Konstrukteur, um rasch durch Aufzeichnen festzustellen, ob die von ihm gewählte Unterteilung der Übersetzung räumlich geschickte Verhältnisse ergibt.

In der Bach'schen Formel $P = c \cdot b \cdot t$ ist P der Zahndruck im Teilkreis in kg, b die Zahnbreite, t die Teilung, beide in cm und $c = 0{,}06\ \sigma_b$ in kg/cm². Um die Sondertabelle für die Werte von c durch die jedem Konstrukteur geläufigen Werte von σ_{bzul} für die einzelnen Werkstoffe zu ersetzen und den heute üblichen Modul $m = t/\pi$ (DIN 780) zu verwenden, schreibt man die Formel bequemer: $\sigma_b = \frac{5\,P\ [\text{kg}]}{b\,m\,[\text{cm}^2]}$. Die Rechnung hat hohen Sicherheitsgrad, da mit dem schwächsten Zahnfuß an einem Ritzel mit kleiner Zähnezahl gerechnet wird, während schon bei einem Rad mit 35 Zähnen $\sigma_b = 3\,P/b\,m$ sein würde. Da aber das Rad aus weniger biegungsstarkem Werkstoff zu sein pflegt, rechtfertigt sich die Berechnung des gemeinsamen Moduls aus $\sigma_b = 5\,P/b\,m$. Beim Gebrauch der Formel ist folgendes zu beachten:

Man kommt mit dieser einzigen Formel, in der ja zunächst P, b und m unbekannt sind, bequem aus, wenn man unter Berücksichtigung nachstehender Bemerkungen Zähnezahlen z, Modul m und Zahnbreite b probeweise annimmt, daraus Zahndruck P bestimmt und dann die gemachten Annahmen durch das nun aus der Formel erhaltene σ_b prüft, d. h. nötigenfalls durch sinngemäße Änderungen berichtigt. Hat man mehrere aufeinanderfolgende Vorgelege zu rechnen, so empfiehlt sich die Anlage einer Tabelle, da es sich um Wiederholung gleichartiger Rechenvorgänge handelt, da man in der letzten Spalte eine genaue Rechenprobe erhält und da alle für den Entwurf nötigen Größen übersichtlich beieinander stehen.

Als Beispiel diene die tabellarische Berechnung für die auf S. 11 behandelte, in Abb. 7 u. 10 dargestellte 3 t Hubwinde mit folgenden Bemerkungen zu den einzelnen waagrechten Zeilen der Tabelle II. Zu Zeile 1 und 2: Übersetzungen, Dreh-

Tabelle II.

Zeile		Motor-vorgelege I/II	Zwischen-vorgelege II/III	Trommel-vorgelege III/IV	Trommelwelle IV
1.	Übersetzung i	5 : 1	6 : 1	5 : 1	—
2.	Drehzahlen n/min	1500	300	50	10
3.	Drehmoment M (cmkg)	$\frac{97\,500 \cdot N}{n} = \frac{97\,500 \cdot 9{,}2\ \mathrm{kW}}{1500}$ = 600 cmkg	145 · 20 = 2900 cmkg	460 · 36 = 16500	2180 · 36 = 78480
4.	$\eta \cdot M$ cmkg	0,97 · 600 = 580	0,95·2900=2760 cmkg	0,95 · 16500 = 15700	0,96 · 78480 = 75000
5.	Zähnezahlen z gewählt	20 f. Ritzel/100 f. Rad	15/90	12/60	Probe: Last × Trommel-halbmesser 3000 kg × 25 cm = 75000 cmkg
6.	Modul m geschätzt	4 mm = 0,4 cm	8 mm = 0,8 cm	12 mm = 1,2 cm	
7.	Durchmesser $d = z \cdot M$	20 · 0,4 = 8 cm Ritzel 100 · 0,4 = 40 cm Rad	15 · 0,8 = 12 cm 90 · 0,8 = 72 cm	12 · 1,2 = 14,4 cm 60 · 1,2 = 72 cm	
8.	Zahndruck $P = \frac{\eta M \cdot}{d/2}$	$\frac{580\ \mathrm{cmkg}}{4\ \mathrm{cm}} = 145$ kg	$\frac{2760}{6} = 460$ kg	$\frac{15\,700}{7{,}2} = 2180$ kg	
9.	Zahnbreite b cm	18 m = 18 · 0,4 = 7,2 cm	10 m = 10 · 0,8 = 8 cm	10 m = 10 · 1,2 = 12 cm	
10.	$\sigma_b = \frac{5 \cdot P}{b \cdot m}$ kg/cm²	$\frac{5 \cdot 145}{7.2 \cdot 0{,}4} = 252$ kg/cm² richtig für Gußrad	$\frac{5 \cdot 460}{8 \cdot 0{,}8} = 358$ kg/cm² Gußrad	$\frac{5 \cdot 2180}{12 \cdot 1{,}2} = 760$ kg/cm² Stahlgußrad	

zahlen, Wirkungsgrade sind an oben erwähnter Stelle schon festgelegt worden, ebenso die Motorleistung 9,2 kW, $n = 1500$. Hieraus ergibt sich das Drehmoment der Motorwelle in Zeile 3, erste Spalte.

Zeile 4: Durch den Wirkungsgrad η der Motorwelle verkleinert sich das Moment bis zum Zahneingriff auf $\eta\, M$.

Zeile 5: Bei der freien Wahl der Ritzel-Zähnezahlen wird man die zugehörigen Drehzahlen berücksichtigen. Je höher die Drehzahl, desto häufiger sind die Zahneingriffe, desto wichtiger ist der Verschleiß infolge Pressung und Reibung der zusammenarbeitenden Zahnflanken. Je kleiner die Zähnezahl, um so ungünstiger die Reibungsverhältnisse. Hier wurden deshalb 20, 15, 12 Zähne für die Drehzahlen 1500—300—50 gewählt.

Ritzel werden aus Stahl hergestellt. Räder aus Grauguß, Stahlguß oder Stahl; die letzteren aus dem vollen geschnitten oder geschweißt.

Zeile 6: Der frei zu schätzende Modul wächst mit den Momenten bzw. Zahndrücken z. B. hier von 4 auf 8 und 12.

Zeile 7: Durchmesser von Ritzel und Rad aus $d = z \cdot m$.

Zeile 8: Zahndruck ergibt sich nun aus $\frac{\eta\, M}{d/2}$.

Zeile 9: Die Zahnbreite b wird auf $10 \cdot m$ beschränkt, wenn die Wellen unmittelbar auf dem Stahlrahmen gelagert sind. Dieser erleidet Formänderungen durch die Last; Gefahr des Eckbruchs bei zu großen Zahnbreiten, bei denen man auf gleichmäßig verteilten Zahndruck nicht rechnen kann. Ein solcher ist aber gewährleistet, wenn das Vorgelege in einem geteilten, starren, gußeisernen oder geschweißten Räderkasten (Abb. 9) untergebracht wird, in dem genau parallele Lage der Wellen gesichert bleibt. In diesem Fall kann man mit der Breite b auf $20 \cdot m$ oder mehr gehen und diesen Wert in die Rechnung einsetzen. Modul und Durchmesser können dadurch verkleinert werden. Weitere Vorteile sind Schalldämpfung und Tauchschmierung der Zahnräder in Öl. Räderkästen sehr häufig für Motorvorgelege verwendet, aber auch für weitere Vorgelege, wenn der höhere Preis nicht gescheut wird (Abb. 10). In der Tabelle ist entgegen Fig. 10 nur Motorvorgelege im Kasten vorausgesetzt mit $b = 18 \cdot m$; die beiden andern Vorgelege mit $b = 10 \cdot m$ für offene Lagerung.

Zeile 10: Jetzt erfolgt Nachprüfung von $\sigma_b = 5 \cdot P/b \cdot m$ [kg/cm²]. Anhalt für zulässige Werte von σ_b, wegen Lebensdauer der Räder abgestuft nach Drehzahlbereichen gibt folgende Tabelle:

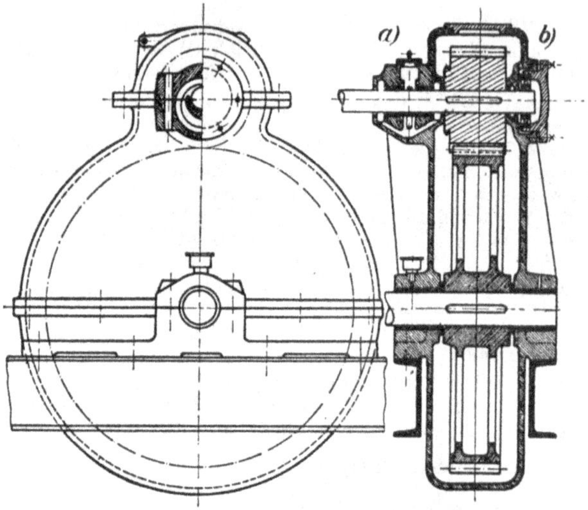

Abb. 9 **a) mit Ringschmierlager**
b) mit Kugellager

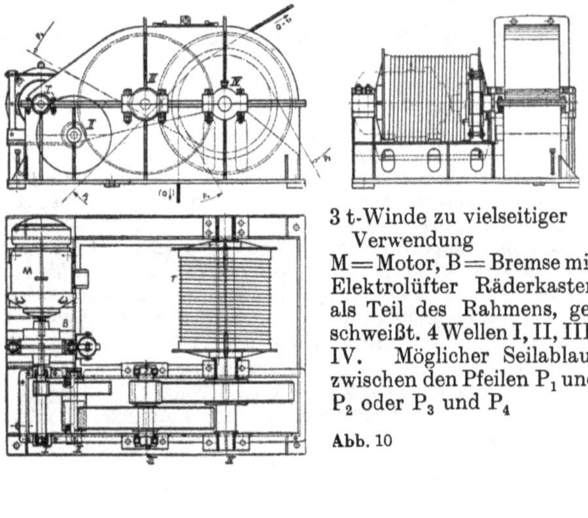

3 t-Winde zu vielseitiger Verwendung
M = Motor, B = Bremse mit Elektrolüfter Räderkasten als Teil des Rahmens, geschweißt. 4 Wellen I, II, III, IV. Möglicher Seilablauf zwischen den Pfeilen P_1 und P_2 oder P_3 und P_4

Abb. 10

Werkstoff	Zulässige Biegefestigkeiten $\sigma_{b\,zul}$ in kg/cm².		
	Drehzahlen > 500	500 bis 50	< 50
Grauguß	250	350	450
Stahlguß ...	500	700	900
Stahl 50	700	900	1100
Stahl 70	900	1100	1400

Hätte man z. B. für Motorvorgelege Modul $m = 3$ geschätzt und $b = 10 \cdot m = 3$ cm gewählt, so erhielte man $P = 193$ kg und $\sigma_b = 1070$, also zu hoch für Räder aus Guß oder Stahlguß. Mit raschem Umrechnen auf $m = 4$ sinkt σ_b auf 455, also richtig für Stahlguß. Erhöht man noch b auf $18 \cdot m = 18 \cdot 0{,}4 = 7{,}2$ cm im Räderkasten, so wird σ_b nur noch $= 252$, wie in Tabelle, also richtig für Guß.

Durch den hohen Sicherheitsgrad der Biegeformel wird schon in der Regel die Gefahr der Grübchenbildung infolge zu hoher Walzenpressung k an den Zahnflanken ausgeschlossen. Vorteilhaft für genauere Auswahl der Werkstoffe ist Nachprüfung der Walzenpressung $k = \frac{3{,}12}{b \cdot d} P \frac{i+1}{i}$ z. B. $\frac{3{,}12 \cdot 145}{7{,}2 \cdot 8} \frac{5+1}{5} = 9 \cdot 45$ kg/cm² für das Motorvorgelege. Die K_{zul} für eine Lebensdauer von 5000 Betriebsstunden sind in nachstehender Kurvenschar Abb. 11 nach Wissmann-Niemann („Hütte an angegebenem Ort") auszugsweise angegeben. Demnach ist für das Ritzel mit $n = 1500$ Stahl 50 zu wählen mit $K_{zul} = 9{,}5$, für das Rad mit $n = 300$ Ge 18 mit $k_{zul} = 10$.

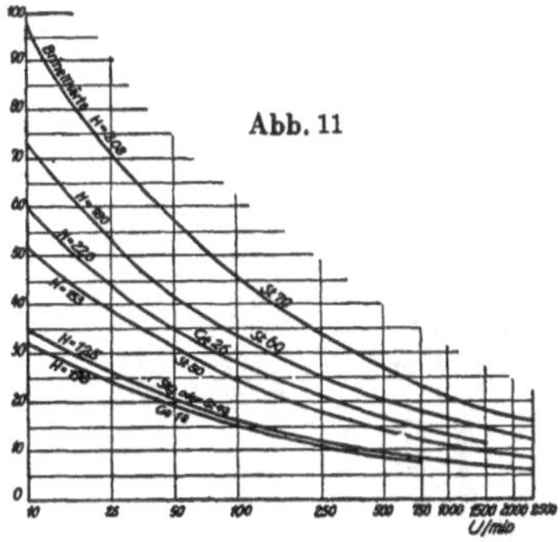

Abb. 11

Für Hebezeuge werden 500 bis 5000 Betriebsstunden angenommen. Bei leichterem Betrieb darf man die k-Werte erhöhen, z. B. bei 500 Betriebsstunden auf das 2-fache.

b) Kegelräder

Sie dienen zur Übertragung von Drehmomenten zwischen Wellen, deren Achsen sich schneiden, und sind möglichst nur für kleine Übersetzungen und kleine Drehzahlen zu verwenden. Bei der Konstruktion ist die Aufnahme der Zahndruckkomponente in Achsrichtung und bei Zwillingsanordnung die Drehrichtung zu beachten. Die Berechnung erfolgt wie bei Stirnrädern nach $P = cbt$.

c) Reibräder

Reibräder mit cylindrischen Stirnflächen oder Keilrillen, durch Gewichtshebel gegeneinander gedrückt, die zum Ausrücken gelüftet werden, finden Verwendung bei leichten Winden im Bauwesen und in der Landwirtschaft, sowie zu Speicherwinden.

d) Schneckengetriebe

Bei Schneckengetrieben liegt die Antriebswelle (Schnecke) um 90° gedreht gegen die Abtriebswelle (Schneckenrad). Dadurch eignen sie sich besonders zum Antrieb von lotrechten Wellen, z. B. für Drehwerke von Drehkranen (s. Abb. 12). In vielen Fällen kann bei Antrieben aller Art eine sparsamere und günstigere Raumeinteilung geschaffen werden, wenn die Motorachse nicht wie bei Stirnrädern parallel, sondern rechtwinklig zu den weite-

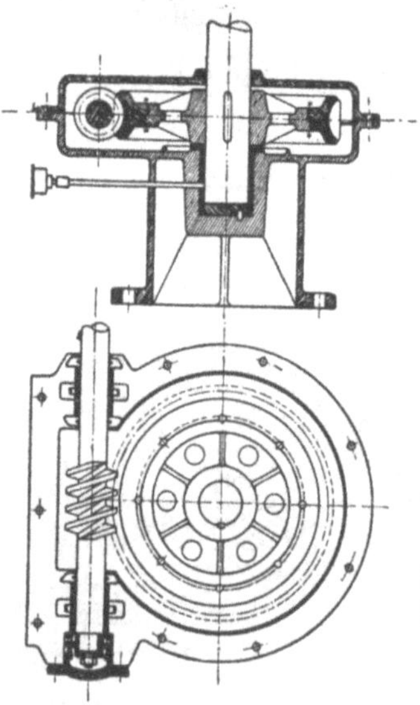

Abb. 12

ren Abtriebswellen zu liegen kommt (s. Abb. 13). Schneckengetriebe

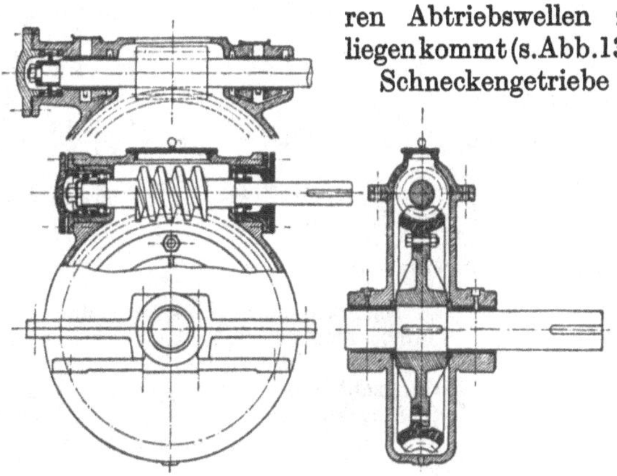

Abb. 13

bauen gedrängter, wenn sie vermöge ihrer großen Übersetzung 2 oder 3 Stirnradpaare ersetzen. Auch arbeiten sie geräuschlos bei schnellen Antrieben. Sie werden vorzugsweise für Aufzugswinden verwendet, während sie in neuerer Zeit bei Kranwinden ziemlich abgekommen sind. Gründe für die Bevorzugung der Stirnräder sind ihr besserer Wirkungsgrad, die einfachere Fertigung der Winde mit lauter gleichartigen Zahnradpaaren, die billigere Ersatzteilbeschaffung (bei Schneckengetrieben verschleißt vorwiegend der Bronzekranz des Schneckenrads, bei Stirnrädern das Ritzel) und die geringere Empfindlichkeit der Stirnräder bei Veränderungen der Wellenlagerung im Betrieb. Werden Schneckengetriebe und Stirnräder hintereinander geschaltet, so ist der Platz der Schnecke im Allgemeinen bei den großen Drehzahlen (Motor).

Berechnung von Abmessungen und Wirkungsgrad eines Schneckengetriebs sollen am Beispiel der 3-t-Winde (Abb. 7 und Tabelle I) gezeigt werden, indem die beiden ersten Stirn radvorgelege 5/1 und 6/1 durch Schneckenübersetzung 30/1 ersetzt werden. Übersetzung $i = \frac{\text{Zähnezahl}}{\text{Gangzahl}} = \frac{60}{2}$; Teilung geschätzt $= 8\,\pi$ mm. Damit Raddurchmesser $D = 8 \cdot 60 = 480$ mm. Umfangsdruck am Rad $= \frac{M_3}{D/2} = \frac{165 \text{ mkg}}{0{,}24 \text{ m}} = 688$ kg.

$c = \frac{P}{2{,}5\,\text{t} \cdot \text{t}} = \frac{688}{2{,}5\,(0{,}8\,\pi)^2} = 43$. Zulässig für Phosphorbronze: $\sigma_{zul} = 800$ kg/cm², also $c = 0{,}06 \cdot 800 = 48$. (Zahnbreite bei Schneckenrädern etwa $= 2{,}5$ t).

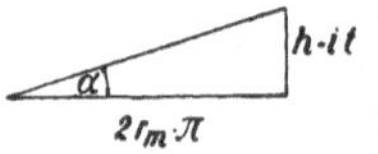

Abb. 13a

Die Form der Schnecke ist gekennzeichnet durch das Dreieck der schiefen Ebene (Abb. 13a), in welchem die Ganghöhe $h =$ Gangzahl mal Teilung jetzt gegeben ist $= 2 \cdot 8\,\pi$, der Steigungswinkel α oder der mittlere Umfang $D_m \pi$ zu wählen bleibt. α ist für nicht selbsthemmende Schnecken am besten zwischen 15 und 22 Grad zu nehmen, z. B. hier $= 18^0$.

$\text{tg}\; 18^0 = 0{,}325 = \frac{2 \cdot 8\,\pi}{D_m \pi}$, also $D_m = \frac{16}{0{,}325} = 49{,}3 =$ rd 50 mm.

Es ist zunächst zu prüfen, ob der Kerndurchmesser der Schnecke $D_i = D_m - 2 \cdot 1{,}2\,\text{m} = 50 - 2 \cdot 1{,}2 \cdot 8 =$ rd. 30 mm auf Biegung und Drehung gerechnet, genügt.

Umfangskraft der Schnecke $P_u = P\; tg\;(\alpha + \varrho)$. Mit $\mu = 0{,}05$, also Reibungswinkel $\varrho = 3°$ für Bewegung ist $\alpha + \varrho = 18 + 3 = 21°$; $\cdot\; tg\; 21^0 = 0{,}384$ also $P_u = 688 \cdot 0{,}384 = 264$ kg und Drehmoment Schneckenwelle $= 264 \cdot 0{,}025 = 6{,}6$ mkg. Torsionsspannung $\tau = \frac{M_t}{W_p} = \frac{660 \cdot 5}{3^3} = 122$ kg/cm², also genügend auch für zusätzliche Biegung.

Wirkungsgrad des Schneckengetriebes $\eta = \frac{\text{tg}\;\alpha}{\text{tg}\;(\alpha + \varrho)} = \frac{0{,}325}{0{,}384} = 0{,}845$. Dazu kommen für Längs- und Querlager der Schnecke etwa $\eta = 0{,}96$. (Lager der Schneckenradwelle war hier schon in $M_3 = 165$ enthalten.) Also Gesamt η des Schneckengetriebs $= 0{,}845 \cdot 0{,}96 = 0{,}81$.

Da das Motormoment jetzt 6,60 statt bei Stirnrädern 6 mkg beträgt, hat sich η_{ges} der Winde von 0,835 verschlechtert auf

$\eta_{ges} = \frac{5}{6,60} = 0,76$ und die nötige Motorleistung vergrößert auf $\frac{7,7}{0,76} = 10$ kW.

Da bei normalen Winden der Wirkungsgrad möglichst hoch sein soll, findet man fast überall (auch bei Schneckenflaschenzügen) 2- oder 3-gängige Schnecken; eingängige Schnecken nimmt man nur für extrem hohe Übersetzungen und in den seltenen Fällen, wo Selbsthemmung erwünscht ist, z. B. bei Schützenwinden in Wasserwerken. Hierbei ist dann der Steigungswinkel etwa = 4 Grad zu nehmen.

Motorisch angetriebene Schneckengetriebe werden regelmäßig in mehrteiligen Gußkästen eingeschlossen, um genaue, von den Formänderungen der übrigen Winde unabhängige Wellenlagerung und dauernde reichliche Ölschmierung zu sichern. Da unten liegende Schnecken das Öl im Trog so stark durcheinanderrühren, daß die unvermeidlichen Verschleißteilchen nicht zur Ruhe kommen, sondern immer wieder durch die Verzahnung — als Schmirgel — hindurchgeführt werden, so legt man die Schnecke meist nach oben; die Radzähne schöpfen das Öl in genügender Menge herauf (Abb. 13).

Der Axialdruck der Schnecke wird regelmäßig durch doppeltwirkende Wälzlager aufgenommen bei Fahrwerken, Drehwerken und Aufzügen mit Gegengewicht. Auch bei reinen Hubwerken, wo der Rückdruck der Last ständig nur in einer Richtung wirkt, ist das doppeltwirkende Lager üblich, um bei plötzlichem Abbremsen der im Hubsinn drehenden Schneckenwelle den Stoß der im Hubsinn weiter wirkenden Trägheitskräfte aufzunehmen.

Die Traglager der schnellaufenden Schneckenwelle werden als Ringschmier- oder als Wälzlager (Abb. 13) ausgebildet, diejenigen der Radwelle erhalten Fettschmierung oder Wälzlager. An diese Lager läßt man die Nabe des Schneckenrads seitlich anlaufen, um den Seitendruck, herrührend von der Umfangskraft der Schnecke, abzufangen. Über die Schmierung der Traglager sind die Ansichten geteilt. Die einen sorgen für getrennte Versorgung der Lager, um die Verschleißteile des Getriebes nicht auch noch in die Lager zu bekommen. Die andern lassen das Getriebeöl in den Lagern zirkulieren; in diesem Fall muß aber auf gelegentliche Reinigung des Öls, besonders nach dem Einlaufen, gerechnet werden können.

e) Wellen

Beim ersten Entwurf einer Winde pflegen Zahn- und Lagerdrücke und damit Biegungsmomente der Wellen noch nicht bekannt zu sein, wohl aber die Drehmomente. Man rechnet daher zunächst überschlägig wie bei Transmissionswellen auf Drehung mit dem kleinen Wert $\tau_{t\,zul} = 120$ kg/qcm, also $\frac{d^3}{5} = \frac{M_t}{120}$. Sind jedoch außergewöhnlich große Biegemomente zu vermuten, z. B. bei fliegend gelagerten Ritzeln oder Laufrädern, so ist von vornherein, spätestens beim endgültigen Entwurf, auf Biegung zu rechnen, also $\frac{d^3}{10} = \frac{M_b}{\sigma_{b\,zul}}$. Wellendurchmesser für Hebezeuge enthält DINorm 537.

Lasten, Zahndrücke, Raddrücke und dgl. behalten ihre Lage im Raum bei, so daß die Welle bei jeder halben Umdrehung nach entgegengesetzter Richtung beansprucht wird. Man hat daher Fall III der Biegung und $\sigma_{b\,zul}$ ist mit 400 bis 500 kg/qcm einzusetzen. Die Rechnung auf zusammengesetzte Biegung und Drehung bringt nur dann eine wesentliche Änderung gegenüber der reinen Biegungsrechnung, wenn M_t erheblich größer ist als M_b.

Lange Wellen, z. B. Fahrwerkswellen bei Laufkranen und Verladebrücken, werden daraufhin nachgeprüft, ob der Verdrehungswinkel ϑ die Grenze von $\frac{1}{4}$ Grad auf den laufenden m nicht überschreitet.

$\vartheta = \frac{M_t}{G} \cdot \frac{l}{I_p}$ wobei $G = 800000$; I_p = polares Trägheitsmoment $\pi\, d^4/32$ (Maße in cm).
Gezogene Wellen, die das Abdrehen erübrigen, sind dort am Platze, wo die Gefahr des Verziehens durch Keilnuten im mittleren Wellenteil nicht vorliegt.

Die Naben der Getriebeteile werden möglichst durch Treib-, Nasen- oder Einlegkeile je mit Anzug 1:100 auf der Welle befestigt (DIN 141). Paßfedern (DIN 144) übertragen die Umfangskräfte nur durch die Scherfestigkeit der Feder, nicht durch Nabenverspannung wie die Keile, sind daher bei Hebezeugen nur für Verschiebenaben üblich, falls nicht die teureren Keilwellen (DIN 5461) vorgezogen werden.

f) Achsen

Die Achsen, auf denen die Getriebeteile lose laufen, sind auf Biegung und Flächenpressung zu berechnen. Die zulässige Beanspruchung $\sigma_{b_{zul}}$ hängt vom Belastungsfall ab; ist er wie meist zwischen Fall II und I gelegen, so kann $\sigma_{b_{zul}} = 1000$ bis 1200 eingesetzt werden. Die zulässige Flächenpressung ist normal $p = 40$ kg/qcm für Grauguß, $p = 60$ kg/qcm f. Rotgußbüchsen. Letzterer Wert wird oft bis 100 kg/qcm und mehr gesteigert, wenn die Höchstbelastung selten eintritt, also keine Befürchtung zu rascher Abnutzung infolge der hohen Pressung vorliegt.

Die Achsen werden meist unmittelbar in den Blechen oder Profileisen der Eisenkonstruktion gelagert (hierbei sind Flächenpressungen bis etwa 1600 kg/qcm ohne weiteres zulässig) und werden dabei durch sogenannte Achshalterbleche (Abb. 14 u. 15) gegen Drehung und Längsverschiebung zugleich gesichert. Die Einfräsung in der Achse, die zur Aufnahme der Achshalter dient,

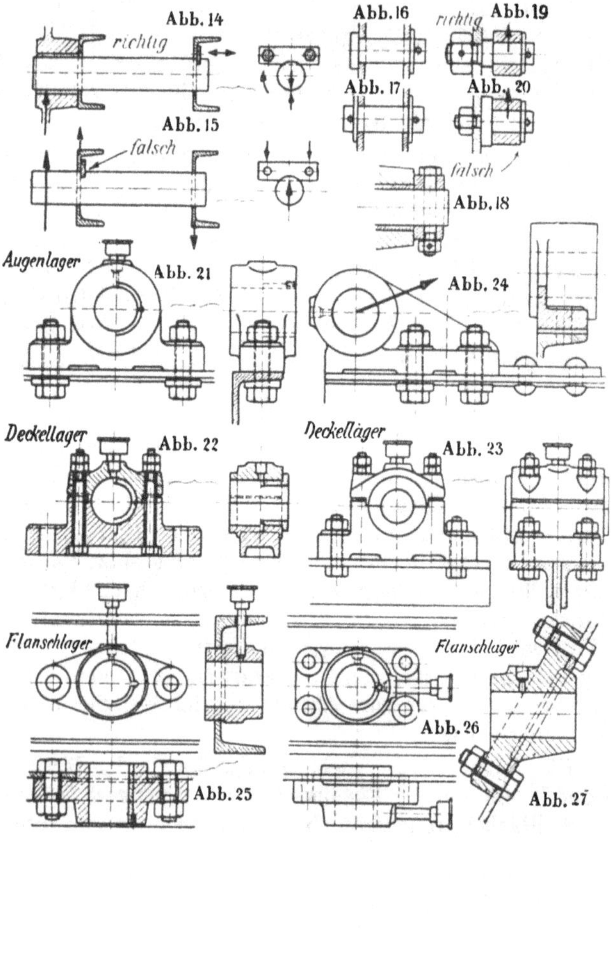

soll weder auf der belasteten Achsseite angebracht werden, damit bei scharfem Einpassen nicht die Achshalterschrauben zum Tragen kommen an Stelle der Achse selbst, noch da, wo ein größeres Biegungsmoment in der Achse wirkt. Ist letzteres nicht zu vermeiden, so soll wenigstens nur die Neutralfaser der Achse eingefräst werden.

Die Ausführung von kleineren Bolzen mit einseitigem Bund (Abb. 16) kann verbilligt werden durch beiderseitige Splintsicherung (Abb. 17). Bei wichtigen größeren Bolzen tritt ein Ring mit durchgeführter Schraube an Stelle des Splints (Abb. 18).

Bei fliegenden Bolzen mit Bund und Anzugsschraube sind scharfe Absätze zu vermeiden (Abb. 19 u. 20).

g) Lager

Das einfache Gleitlager mit Fettschmierung ist das typische Hebezeuglager, da es sich um aussetzenden Betrieb und seltenes Nachsehen der Lager handelt. Nur für schnellaufende Wellen von etwa 300 Umdrehungen/min ab ist das Ringschmierlager am Platz; bei langsamlaufenden würde nach längeren Betriebspausen die Ölschmierung zu spät einsetzen; der Anlauf wäre trocken.

Die Gleitlager erhalten meist Büchsen aus Grauguß bei kleinen Pressungen ($p=40$ kg/qcm), aus Rotguß bei höheren Pressungen ($p=60$ bis 100 kg/qcm). Die Lagerkörper werden aus Guß, besonders stark beanspruchte aus Stahlguß gemacht.

Am billigsten sind die einteiligen Augenlager (Abb. 21, DIN 504). Die teureren Deckellager (Abb. 22, DIN 505) haben den Vorzug, daß die Unterteile beim Herausnehmen einer Welle mit aufsitzenden Getrieben stehen bleiben, die Ausrichtung der Welle auf dem

Rahmen also nicht verloren geht. Die Lagerfüße werden der Breite der üblichen Profileisen angepaßt. Schwere Lager erhalten je 4 Deckel- und Fußschrauben (Abb. 23, DIN 506). Hat ein Lager starken Seitenzug aufzunehmen, so wird zur Entlastung der Fußschrauben ein Flacheisen vorgenietet (Abb. 24).

Flanschlager (Abb. 25 u. 26, DIN 502 u. 503) sind am Platz, wenn die Welle in Blechen oder Profileisen gelagert werden. Sie werden mit einem auf Maß gedrehten Ansatz in genaue Bohrungen der Wand eingesetzt, so daß die Lagerdrücke unmittelbar übertragen werden unter Entlastung der Schrauben, die nur noch zum Heften dienen. Mit Flanschlagern können auch schräge Durchdringungen ausgeführt werden (Abb. 27).

Wälzlager (Kugel-Rollen-Schrägrollenlager) wurden schon immer für schnellaufende Wellen in Räder- und Schneckenkästen eingebaut. Wegen ihrer höheren Preise, wegen der hohen Ansprüche, die sie an die Einbaugenauigkeit stellen und wegen der umständlichen Dichtungselemente wurden sie bisher für einfachere Hebezeuge, für langsamlaufende und schwerbelastete Vorgelege kaum verwendet. In neuester Zeit jedoch haben sie auch hierfür in wachsendem Maße Eingang gefunden in Anerkennung ihrer Vorteile: Besserer Wirkungsgrad; leichterer Anlauf; kein laufendes Nachschmieren, wenn in Fett eingesetzt; Vermeiden der Reparaturkosten beim Ersatz ausgelaufener Gleitlagerbüchsen. Besonders empfehlenswert sind sie für handbetriebene Fördermittel, da bei der hier sehr beschränkten Antriebsleistung Ersparnisse an Leistung durch guten Wirkungsgrad und leichten Anlauf besonders willkommen sind und in Grenzfällen den billigeren Handantrieb gerade noch möglich machen können. Berechnung, Abmessung und Einbauvorschriften sind den Listen und Veröffentlichungen der Wälzlagerfirmen zu entnehmen.

h) Kupplungen

Lange Fahrwerkswellen werden durch starre Schalen- oder Scheibenkupplungen unterteilt (DIN 115 u. 116).

Elastische Kupplungen zwischen Motorstumpf und Schnecken- oder Ritzelwelle sollen das Heißlaufen der Lager verhindern, indem sie kleine Winkel- oder Höhenänderungen der Wellenmitten, wie sie durch ungenaue Montage und vor allem durch Formänderung des belasteten Traggerüsts sich ergeben können, etwas ausgleichen. Auch gestatten sie ein axiales Spiel des Motors. Am meisten benutzt wird gegenwärtig die Lederscheibenkupplung (Abb. 28).

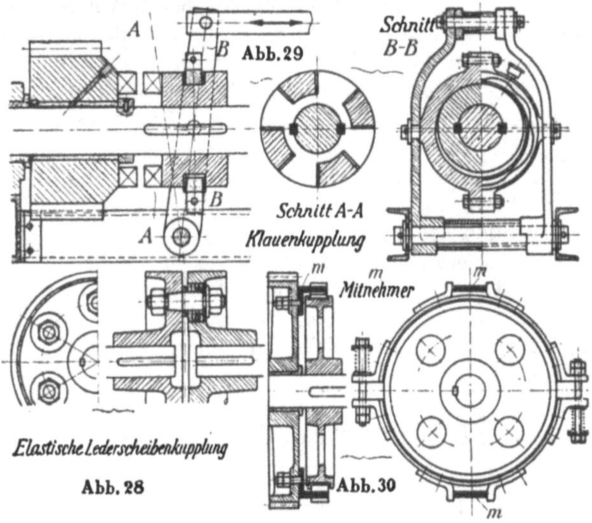

Abb. 28 Abb. 29 Abb. 30

Klauenkupplungen (Abb. 29) dienen zum Aus- und Einrücken von einzelnen Getrieben bei Stillstand. Sie werden durch Gleitmuffen mit Hebeln betätigt und mit Nut und Feder verschoben. Die Klauen sind auf Scherung und Biegung bei äußerstem Kraftangriff zu berechnen und zweckmäßig aus Stahl oder Stahlguß hergestellt.

Reibkupplungen besorgen bei Hebezeugen einerseits den zeitweisen Anschluß eines Triebwerks an eine dauernd laufende Antriebswelle, z. B. bei Antrieb durch Verbrennungsmotoren, nicht umsteuerbare Transmissionen, bei Wendegetrieben und Geschwindigkeitswechsel. Es können hier alle aus dem Transmissionsbau bekannten Formen herangezogen werden, z. B. Lamellen-Kegel-Schraubenfederkupplungen.

Andererseits ermöglichen sie bei Sonderwinden mit Greifern oder Zangen (s. II A. 3b und c) als Rutschkupplungen in Verbindung mit Bremsen die Ausführung von Relativbewegungen zweier Getriebe gegeneinander (Abb. 30) und dienen als Überlastungskupplungen bei Triebwerken, die durch äußere Widerstände plötzlich angehalten werden können (Anstoßen eines Drehkranauslegers, Festziehen einer motorisch schließenden Zange, Abb. 80). Sie werden durch Federn so stark angezogen, daß sie nur etwas mehr als das normale Drehmoment übertragen können, bei weiterem Anwachsen desselben aber durchschleifen und so den Motor vor plötzlichem Stillstand unter Strom und das Getriebe vor Überlastung bewahren.

II. Hubwerke. Allgemeines

a) Zug nach oben Bei der überwiegenden Mehrzahl aller Hubwinden wird die Last direkt oder in

Fördergefäßen am Haken aufgehängt, von Zangen, Greifern, Magneten erfaßt und von einem oben gelegenen Stützpunkt aus durch Ketten oder Seile nach oben gezogen. Nach beendetem Hub muß die Last durch Gesperre oder Bremsen schwebend gehalten werden. Zum Senken wird die Fallenergie der Last selbst als Antrieb ausgenützt, aber durch mechanische oder elektrische Bremsen im Zaum gehalten, die die Senkgeschwindigkeit regeln.

b) Druck von unten wird viel seltener ausgeübt entweder durch Zahnstange mit Ritzel-Antrieb, durch Schraubenspindel mit Mutter oder durch Zylinder mit Kolben, die durch Druckwasser, Drucköl oder Druckluft betätigt werden. Nur bei der Zahnstange wird zum Abstützen der gehobenen Last ein Gesperre gebraucht; beim selbsthemmenden Schraubengetriebe muß die Winde sogar zum Senken der Last rückwärts angetrieben werden, während bei den Kolbenhubwerken die Öffnung eines Drosselventils genügt.

A. Zug nach oben durch Seile oder Ketten

1. Seilwinden

Außer bei ganz leichten Hanfseilbauwinden wird nur das Drahtseil benutzt.

a) Trommelwinden

Das Seil wird mit seinem einen Ende auf einer zylindrischen (selten konischen) Trommel befestigt. Wird diese über ein Räderwerk vom Antrieb her gedreht, so wickelt sich das Seil in nebeneinander liegenden Windungen auf und die Last wird dabei seitlich wandern. Senkrechtes Ansteigen der Last ist aber häufig erwünscht und bei Montage-Gießerei- und Einschienenwinden unbedingt erforderlich. Es wird durch Zwillingsanordnung, d. h. durch symmetrisch gegenläufige Windungen auf 1 oder 2 Trommeln erreicht. Allzu große

Tabelle III, Seilführungen, Rollenzüge

Schema der Anordnung. Schräge der Seilablenkung soll möglichst über 1 : 20, nicht unter 1 : 10 sein.	Seilkraft S	Lastmoment Md	Umfangsgeschwindigkeit an der Trommel	Übersetzung i	Bemerkungen
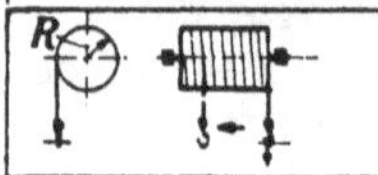 1	$= Q$	$= QR$	$= v_{last}$ $= v_l$	—	Last wandert seitlich beim Heben.
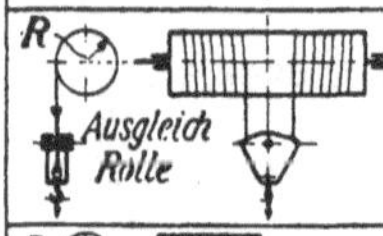 2	$= \frac{Q}{2}$	$= 2 \cdot \frac{Q}{2} \cdot R$ $= Q \cdot R$	$= v_l$	—	Last steigt senkrecht. Seil und Trommel doppelt lang, schwächeres Seil.
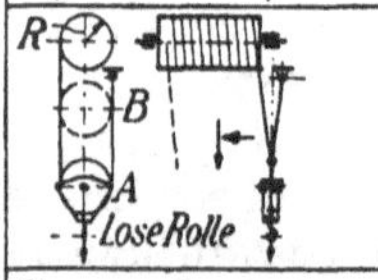 3	$= \frac{Q}{2}$	$= \frac{Q}{2} R$	$= 2 \cdot v_l$	**2 : 1**	Last wandert um halbe Trommellänge seitlich. Seil schwächer als bei 1. Übersetzung **2 : 1**
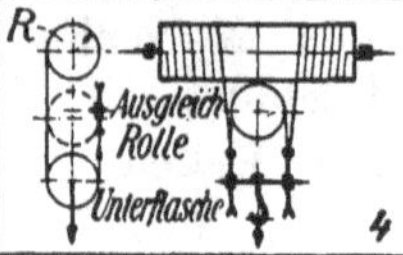 4	$= \frac{Q}{4}$	$= 2 \cdot \frac{Q}{4} \cdot R$ $= \frac{Q}{2} R$	$= 2 \cdot v_l$	**2 : 1**	Last steigt senkrecht Noch schwächeres Seil als bei 2 u. 3. Daher R kleiner. Häufigste Anordnung bis etwa 30 t.
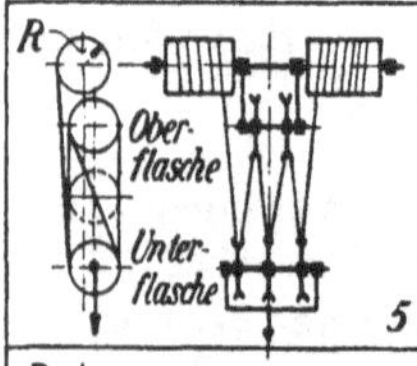 5	$= \frac{Q}{6}$	$= 2 \cdot \frac{Q}{6} \cdot R$ $= \frac{Q}{3} R$	$= 3 \cdot v_l$	**3 : 1**	Seil muß verschränkt werden. Unterflasche stellt sich schräg ein. Anwendung bis etwa 100 t.
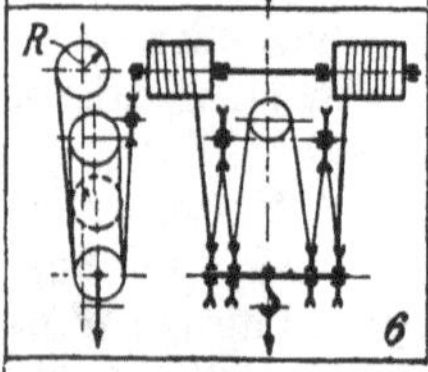 6	$= \frac{Q}{8}$	$= 2 \cdot \frac{Q}{8} R$ $= \frac{Q}{4} R$	$= 4 \cdot v_l$	**4 : 1**	Häufigste Anordnung für Lasten zwischen 40 und 120 t

u. s. w. für 10 u. 12 Stränge. Letzteres ausgeführt bis 250 t.

Seil-Trommel- und Rollendurchmesser würden sich bei großen Lasten ergeben. Diese werden daher durch Rollenzüge statisch genau auf mehrere Seilstränge verteilt. Man erhält dadurch weitere Übersetzung zwischen Last und Trommel. Diese 3 Grundgedanken — Zwillings anordnung, Lastverteilung und Übersetzung — führen stufenweise je nach Zweck und Lastgröße zu den in Tabelle III S. 34 auszugsweise dargestellten Seilführungen und Rollenzügen mit Angabe der Rechnungsgrößen und Anwendungen.

Beispiele ortsfester Seilwinden s. Abb. 31, 32, 10.

Häufigste Anwendungen der Seilwinden bei Laufkatzen s. Abb. 104 und bei Drehkranen s. Abb. **186**.

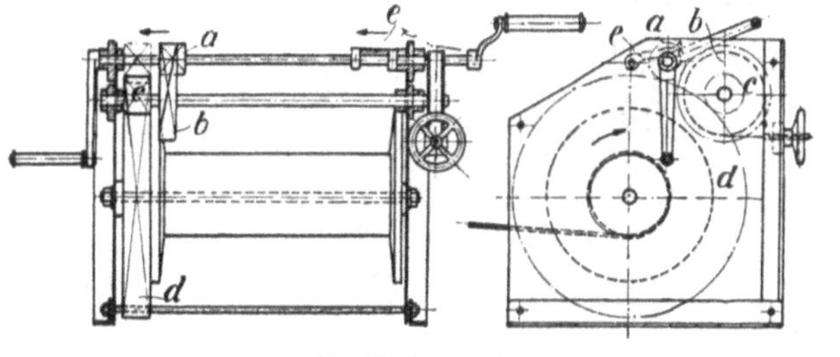

Abb. 31. Bauwinde
Auswechselbares Vorgelege: Entweder *a—b* und *c—d* oder direkt *a—d*. Falle *e* zur Sicherung der Ritzelverschiebung

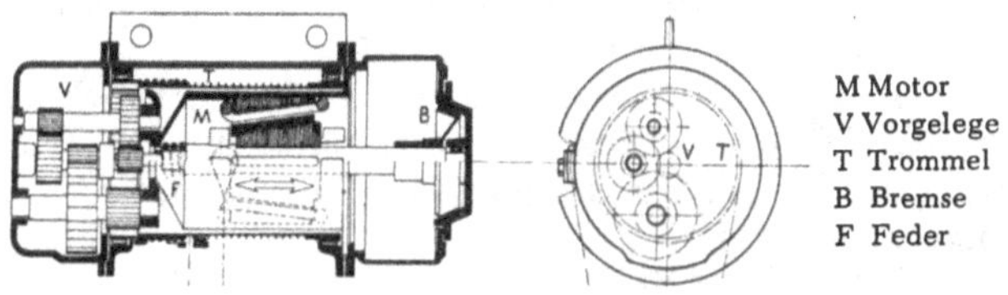

Abb. 32. Elektroflaschenzug

Bei den Rollenzügen treten Verluste auf durch Seilsteifigkeit und Zapfenreibung. Wird ein in Pfeilrichtung laufendes Seil von einer sich frei mitdrehenden Rolle umgelenkt (Abb. 33), so ist $Pr_1 = Q \cdot r_2 + \mu(P+Q)\varrho$, also $P > Q$. Man setzt $P = \varkappa Q$, wobei $\varkappa = 1{,}03$ bis $1{,}04$. Da theoretisch $P_0 = Q$, so ist der Wirkungsgrad einer „festen", d. h. festgelagerten, frei drehbaren Umlenkrolle

$$\eta = \frac{P_0}{P} = \frac{Q}{\varkappa Q} = \frac{1}{\varkappa} = \frac{1}{1{,}04} = 0{,}96.$$

Sätze: 1. An jeder Umlenkrolle muß das ablaufende Seiltrum theoretisch gleich stark, tatsächlich stärker gespannt werden, als das auflaufende.

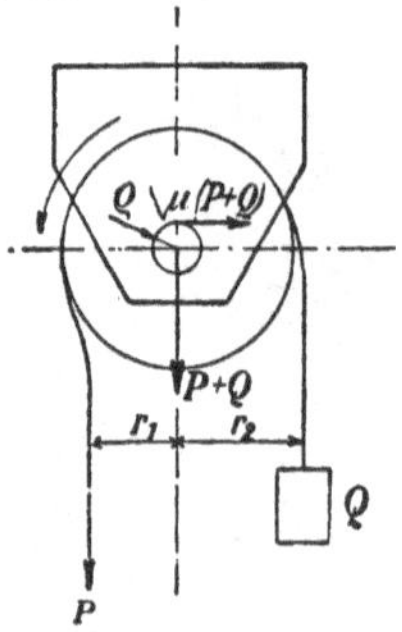

Abb. 33

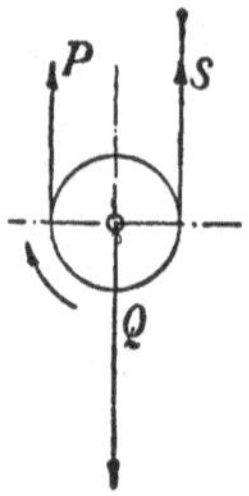

Abb. 34

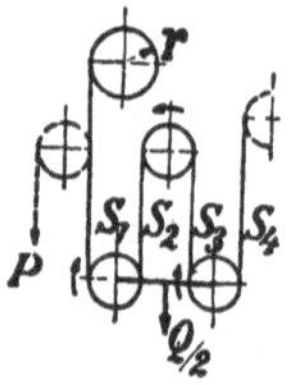

Abb. 35

2. Es ist immer Gleichgewicht vorhanden zwischen der Last und den sie tragenden Seilen.

Durch gemeinsame Anwendung dieser beiden Sätze lassen sich die tatsächlichen Seilkräfte und die Wirkungsgrade bei allen Rollenzügen leicht und einheitlich berechnen.

Beispiele: Lose Rolle. (Abb. 34)

$$\text{Theoretisch } P_0 = \frac{Q}{2} = 500 \text{ kg.}$$

$$\text{Tatsächlich } P > S = \varkappa S \text{ oder } S = \frac{P}{\varkappa}$$

$$P+S=Q;\ S \text{ eliminiert gibt } P + \frac{P}{\varkappa} = P + \frac{P}{1{,}04}$$
$$= P\,(1+0{,}96) = Q.$$
$$P = \frac{Q}{1{,}96} = \frac{1000}{1{,}96} = 510.$$
$$\eta = \frac{P_o}{P} = \frac{Q \cdot 1{,}96}{2 \cdot Q} = \frac{500}{510} = 0{,}98.$$

η der losen Rolle ist günstiger als η der festen Rolle, da sowohl die Seilkräfte und damit der Einfluß der Seilsteifigkeit als auch die Zapfenkraft und damit das Reibungsmoment nur halb so groß sind.

Rollenzug der Skizze 6 in Tabelle III mit 8 Strängen. $Q = 80000$ kg.

Es genügt Untersuchung der einen Hälfte, in Abb. 35 schematisch dargestellt.

Gefragt ist S_1 und η beim Heben und Senken.

$$S_0 = Q/8 = 10000 \text{ kg}$$
$$S_1 = \varkappa S_2;\ S_2 = S_1/\varkappa = S_1 \cdot 0{,}96$$
$$S_2 = \varkappa S_3;\ S_3 = S_2/\varkappa = S_1/\varkappa^2 = S_1 \cdot 0{,}96^2$$
$$S_3 = \varkappa S_4;\ S_4 = S_3/\varkappa = S_1/\varkappa^3 = S_1 \cdot 0{,}96^3$$
$$S_1+S_2+S_3+S_4 = Q/_2 \text{ oder } S_1\,(1+0{,}96+0{,}96^2+0{,}96^3) = Q/_2$$
$$S_1 = \frac{40\,000}{3{,}767} = 10600 \text{ kg}.$$
$$S_2 = 10600 \cdot 0{,}96 = 10200 \text{ kg}$$
$$S_3 = 10200 \cdot 0{,}96 = 9800 \text{ kg}$$
$$S_4 = 9800 \cdot 0{,}96 = 9400 \text{ kg}$$

Summe zur Probe $= 40\,000$ kg $= Q/_2$; $Q = 80\,000$ kg.

Wäre statt der Trommel T noch eine feste Umlenkrolle vorhanden, so wäre $P = S_1 \cdot \varkappa = 10600 \cdot 1{,}04 = 11000$ kg. Beim Senken zieht die Last. Die Rollen bewegen sich entgegengesetzt der Pfeilrichtung, also drehen sich ablaufende und auflaufende Seile um.

$$S'_2 = \varkappa \cdot S'_1$$
$$S'_3 = \varkappa \cdot S'_2 = \varkappa^2 \cdot S'_1$$
$$S'_4 = \varkappa \cdot S'_3 = \varkappa^3 S'_1$$
$$S'_1 + \varkappa S'_1 + \varkappa^2 S'_1 + \varkappa^3 S'_1 = Q/2.$$
$$S'_1 = \frac{40\,000}{1+1{,}04+1{,}04^2+1{,}04^3} = \frac{40\,000}{4{,}25} = 9400 \text{ kg}$$

wie S_4 beim Heben.

Die Seilkräfte kehren sich um.

$$\eta = \frac{S_0}{S_1} = \frac{10000}{10600} = 0{,}94$$ Guter Wirkungsgrad der ganzen Rollenzüge!

also Lastmoment theoretisch $= S_0 \cdot r = 10000 \cdot r$

$$\text{beim Heben} = \frac{S_0}{\eta} \cdot r = \frac{10000}{0{,}94} \cdot r = 10600 \cdot r$$

$$\text{beim Senken} = S_0 \cdot \eta \cdot r = 10000 \cdot 0{,}94 \cdot r = 9400 \cdot r$$

b) Treibscheibenwinden

Das Seil wird hier nicht auf der Treibscheibe befestigt, sondern lose aber mit beiderseitiger Vorbelastung t darüber gelegt. Es wird dadurch zwischen Seil und umspanntem Bogen α eine Haftreibung R erzeugt, welche zur Übertragung des Antriebsmoments $M = U \cdot r$ auf eine einseitig zu hebende Last Q dient (s. Abb. 36). Q kann aber nicht größer werden als der Höchstwert der Haftreibung R_{max}, sonst rutscht die Last ab. Bekanntlich ist aber im Grenzfall des Rutschens $t \cdot e^{\mu\alpha} = t + R_{max}$ also auch $= t + Q_{max}$ (μ = Reibungsbeiwert zwischen Drahtseil und Auflage, z. B. $= 0{,}13$ auf Guß, α = umschlungener Bogen). Q_{max} wird damit $= t \cdot e^{\mu\alpha} - t = t\,(e^{\mu\alpha} - 1)$ und die Sicherheit gegen Seilrutsch beträgt Q_{max}/Q. Das nötige Antriebsmoment $M = U \cdot r$ für die Treibscheibe vom Halbmesser r ist $U \cdot r = (t + Q)\,r - t \cdot r = Q \cdot r$, also genau so groß wie bei Trommelwinden.

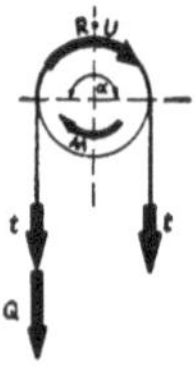

Abb. 36

Treibscheiben werden heute regelmäßig verwendet bei Aufzügen und Bergwerksfördermaschinen, wo die Vorbelastungen t durch Fahrkorb und Gegengewicht oder durch beiderseitige Fahrkörbe hergestellt werden. Im Kranbau werden Treibscheiben nur für sehr große Seillängen benutzt, wenn bei Trommeln die Windungszahl zu groß würde, während für die Treibscheibe die Seillänge ohne jeden Einfluß ist. Bei Schwerlastkranen, wo auch großer Umschlingungswinkel nötig ist, werden 2 gleichsinnig angetriebene Treibtrommeln (Abb. 37) mit n_1 und n_2 parallelen (nicht spiraligen) Rillen ein-

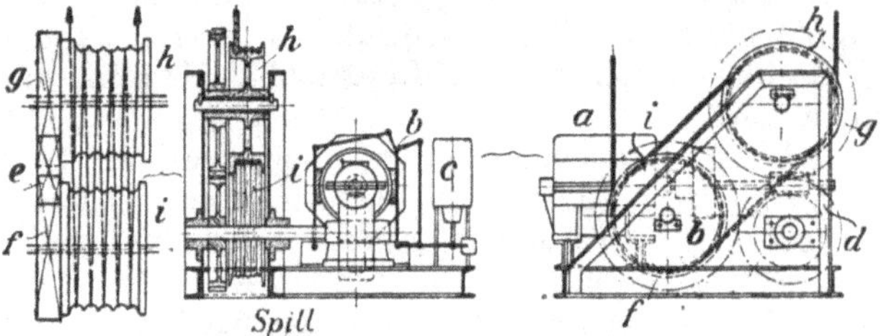

Abb. 37

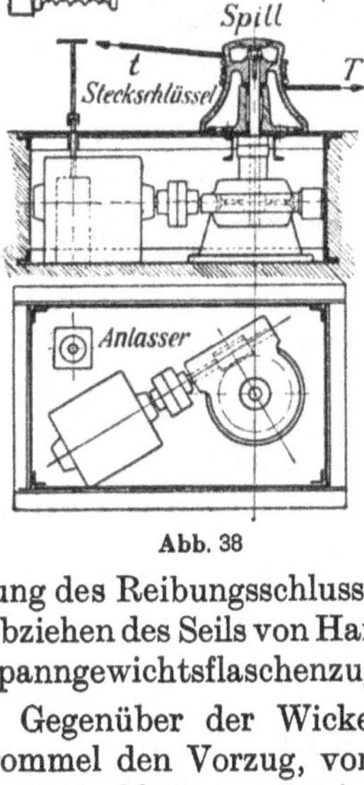

Abb. 38

ander gegenübergestellt und das Seil wird abwechselnd über die beiderseitigen Rillen geführt, so daß der gesamte Umschlingungswinkel $\alpha = (n_1 + n_2)\,\pi$ wird und $e^{\mu\alpha} = e^{\mu(n_1 + n_2)\pi}$ einen hohen Wert annimmt. Wenn die Vorspannung t hier auch sehr klein wird, so darf sie doch zur Erzeugung des Reibungsschlusses nicht fehlen und muß durch Abziehen des Seils von Hand oder durch einen besonderen Spanngewichtsflaschenzug aufgebracht werden.

Gegenüber der Wickeltrommel hat die Reibungstrommel den Vorzug, von der Seillänge und vom Hub ganz unabhängig zu sein. Sie ist daher am Platz für Montagewinden, für Riesenkrane mit großen Arbeitswegen, für Zugseile von Laufkatzen mit langen Fahrbahnen (Abb.37). Sie ist aber auch auf solche Sonderfälle beschränkt, da sie gegen die Wickeltrommel im Nachteil ist durch die Unbequemlichkeit der Seilvorspannung, durch rascheren Seilverschleiß und durch schlechteren Wirkungsgrad. Letzterer rührt daher, daß sowohl die Lagerreibungsmomente als der Einfluß der Seilsteifigkeit sich mit der Rillenzahl beiderseits vervielfachen.

Bei der Spilltrommel, einem doppelkegeligen Umdrehungskörper, rutschen die Seilwindungen bei ihrem Bestreben, sich seitlich weiterzuschrauben, immer wieder von selbst nach dem kleinsten Durchmesser zusammen. Man sieht sie mit waagrechter Achse bei Kohlenladewinden, mit senkrechter Achse im Hafenbetrieb und bei Rangieranlagen (Abb. 38). Das Seil, das z. B. einen Wagen herziehen soll, wird zunächst in mehreren losen Schleifen um das Spill gelegt, der Motor wird mit Steckschlüssel oder Fußtrittschalter leer angelassen. Wenn nun der Arbeiter oder ein selbsttätiger Wickelhaspel das Seil mit der kleinen Zugkraft t laufend vom drehenden Spill abzieht, so wird ein Fahrwiderstand des Wagens W bis zur Größe $T = t \cdot e^{\mu n \pi}$ durch die mit Haftreibung auf das Seil übertragene Umfangskraft der Trommel $P = M_d/r = W - t$ überwunden. Ist v die Zuggeschwindigkeit in m/sec, so ist $N = Pv/102 \cdot \eta$ kW die nötige Leistung des Motors.

Das Ziehen kann man sehr einfach ohne Ausschalten des Motors dadurch aussetzen, daß man die Seilschlingen lockert. Auch hier ist man von Seil- und Förderlänge unabhängig. Ein Nachteil ist der außergewöhnlich starke Seilverschleiß infolge des Quergleitens. Übliche Zugkräfte $P = 200$ bis 5000 kg; $v = 0{,}25$ bis 0,75 m/sec.

c) Seile

Hanfseile kommen bei Hebezeugen nur noch in Betracht für leichte Maurerswinden, für Speiseaufzüge, zum Anbinden von Lasten an den Kranhaken und für sonstige Behelfszwecke. Ihre Festigkeit ist gering. Für ein mittelgutes gebrauchtes Seil wird etwa 100 kg/qcm als zulässiges σ_z angegeben. Sie sind aber bequem anzufassen, sehr biegsam und können verknotet werden (Abbildungen zweckmäßiger Knoten s. Betriebsblatt Nr. 23 des AWF.).

Drahtseile sind die weitaus vorherrschenden Zugmittel. Sie können mit kleinem Querschnitt große Zugkräfte übertragen dank der hohen durch den Ziehprozeß erworbenen Zugfestigkeit des Drahtwerkstoffs von 130, 160 oder 180 kg/qmm. Durch die besondere Flechtart der Kran- und Aufzugseile wird erreicht, daß sie bei verhältnismäßig guter Biegsamkeit ihren Zusammenhang und ihre Querschnittsform beim Lauf über Rollen nicht verlieren. Einzelne Drähte werden spiralig um einen gerade gestreckten weichen Mitteldraht oder um eine Hanfseele „geschlagen" und bilden eine „Litze". 6 oder 8 gleichartiger Litzen werden nun wieder spiralig um eine zentrale Hanfseele zum fertigen Seil geschlagen (Abb. 40). Bei Gleichschlagseilen (Abb. 39a) ist die Windungsrichtung der Einzeldrähte in der Litze und der Litzen im Seil dieselbe. Hieraus entsteht die Neigung des Wiederaufdrehens (Drall) durch Rückfederung in einem unbelasteten freien Seilstück als auch durch Strecken eines belasteten freien Seilendes. Diese Gefahr wird stark vermindert, wenn man Drähte in der Litze und Litze im Seil nach entgegengesetztem Windungssinn schlägt — Kreuzschlagseile (Abb. 39b). Letztere werden

DIN 655

A-Seil B-Seil

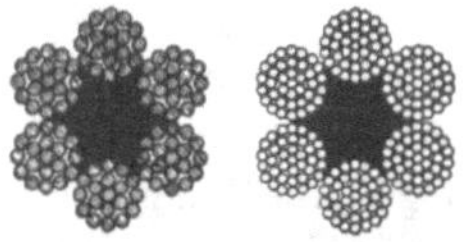

6×19 Drähte +1 Fasereinlage — Abb. 40

6×37 Drähte +1 Fasereinlage — Abb. 41

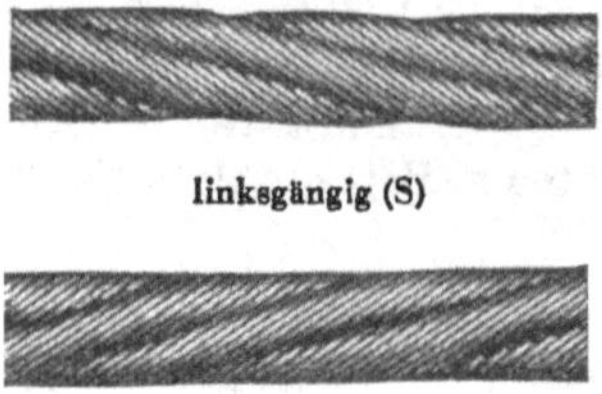

Abb 39a

Abb. 39b

daher im Kranbau in der Regel vorgezogen, obwohl sie mit weniger Punkten in den Seilrillen aufliegen und infolge höherer Auflagepressung rascher abnützen, als Gleichschlagseile. Diese werden also mit Vorteil dort angewendet, wo durch Führung der Last ein Aufdrehen des Seils nicht in Frage kommt, so wie am Fahrkorb im Schacht, also im Aufzugsbau.

Genormte Kranseile nach DIN 655, wo Zahl der Litzen, Zahl und Durchmesser der Einzeldrähte und die rechnerische Bruchbelastung angegeben ist (Abb. 40 und 41).

Die Bestimmung der für eine gewisse Zugkraft P geeigneten Durchmesser von Seil, Trommel, Rollen und Ausgleichrollen geschieht am einfachsten nach DIN 4130 „Seiltriebe für Krane, Bemessung, Ausführung und Erneuerung“ mit den dort angegebenen Formeln:

Seildurchmesser d (in mm) $= k \sqrt{P \text{ (in kg)}}$ und

Trommel- und Rollendurchmesser $D = c \sqrt{P}$ (in mm).

Die Beiwerte k und c sind abgestuft, je nachdem seltene oder häufige Bewegung und je nachdem die Vollast regelmäßig oder nur gelegentlich zu erwarten ist (vgl. Gruppen S. 8). In (Abb. 42) sind Tabellen dieser Werte k und c auf der linken Seite gegeben. Aus den nach den Formeln entwickelten schrägen Geraden (logarithmische Koordinaten), können die nach DIN 655 genormten Seildurchmesser *d* und die zugehörigen Trommel- und Rollendurchmesser *D* für die verschiedenen *k* und *c* unmittelbar abgelesen werden.

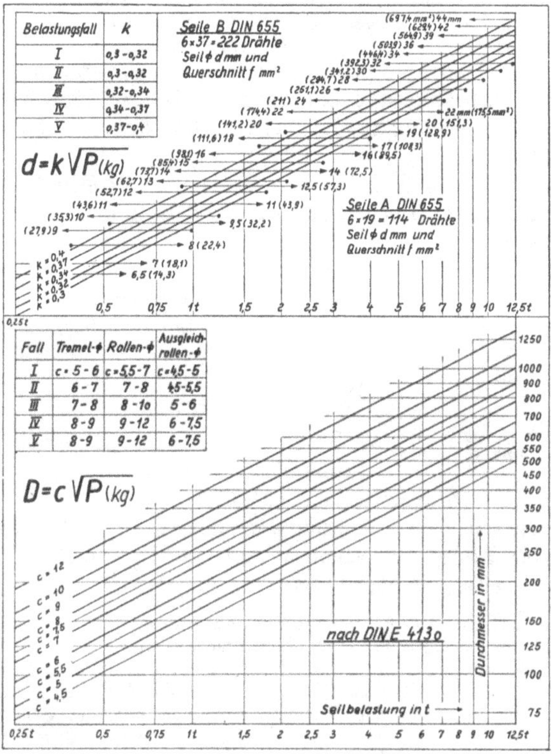

Abb. 42
Schaubild zur Bestimmung der genormten Drahtseil-Trommel und Rollen-Durchmesser

Die Beiwerte der Norm gelten für $\sigma_B = 160$ kg/qmm und entsprechen Sicherheiten von 5,5 bis 6 bei Gruppe I bis zu 8 und 9,5 bei Gruppe V auf reinen Zug gerechnet.

Beispiele: Seil für Winde (Abb. 10) mit $P = 3$ t. Fall II bis III, $k = 0{,}32$ Seil B 18. $6 \times 37 = 222$ Drähte. Trommel 450, Rollen 500, Ausgleichrolle 300 mm.

Seil für Gießkran 50 t mit 8 Seilsträngen, also $P = 6250$ kg. Fall III bis IV. Regelmäßige Vollast. $c = 0{,}37$, Seil 29 mm, Trommel 700, Rollen 800, Ausgleichrollen 550 mm.

Die Drahtseile gehören zu den Maschinenelementen mit beschränkter Lebensdauer. Diese ist von vielen Faktoren abhängig. Die wichtigsten für den Entwurf sind:

1. Das Seil soll an keiner Stelle über Rollen laufen, deren Durchmesser kleiner sind als in der Norm angegeben.

2. Abbiegung der Seile nach entgegengesetzten Richtungen müssen, wo angängig, vermieden werden, da sie die Lebensdauer stark herabsetzen (Abb. 43).

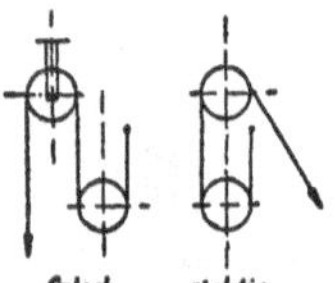

Abb. 43

3. Die Rillen in Trommeln und Rollen sollen sich der Seilform möglichst anschmiegen ($r = 0{,}53$ bis $0{,}54$ d) und sauber bearbeitet sein (Abb. 49).

4. Die seitliche Ablenkung der Seile aus der Mittelebene der Rollen soll einen Winkel von $^1/_{15}$ nicht überschreiten, da sonst Scheuern eintritt.

Die früher übliche Berechnung des um eine Rolle laufenden belasteten Drahtseils durch Zusammensetzung von Zug- und Biegespannungen der Einzeldrähte gab nur einen gewissen Anhalt für die Bemessung, da die „verwickelte" geometrisch komplizierte Lage der Einzeldrähte im gebogenen Seil, die Möglichkeiten des Spannungsausgleichs zwischen Druck und Zugspannung, der aber durch die starken inneren Reibungen der Drähte wieder gehindert wird, ferner Flecht- und Drehspannungen zu viele unbekannte und wechselnde Einflüsse hereinbringen. Das für die Praxis Wesentliche, die Lebensdauer, hängt außerdem nicht nur von der Festigkeit, sondern auch von der Flächenpressung der Außendrähte an der Auflage ab, abgesehen von eventuellen äußeren Beschädigungen durch Streifen über Kanten u. a., die sorgsam zu vermeiden sind. Die genormte Berechnung berücksichtigt im allgemeinen das umfangreiche Erfahrungsmaterial, das seit Jahrzehnten in Laboratorien und in Praxis zusammengetragen worden ist. Zur Orientierung hierüber und über Sonderformen von Seilen für spezielle Zwecke vgl. „Hütte“ 27. Auflage, Band II, S. 910 bis 922, und die dort aufgeführte zahlreiche Literatur.

Ist auch die Lebensdauer bei häufiger starker Beanspruchung beschränkt, so ist es doch günstig, daß sich die Bruchgefahr durch zunehmende Zahl sichtbar gebrochener Einzeldrähte rechtzeitig anzeigt. Da aber gebrochene Drähte infolge der inneren Reibungen nicht weit von der Bruchstelle wieder voll mittragen, so ist für das Auswechseln der Seile nicht die Gesamtzahl, sondern nur die Zahl der sichtbaren Drahtbrüche an der schlechtesten Stelle maßgebend, und zwar ist nach DIN 4130 diese Zahl bei Kreuzschlag-B-Seilen = 15 v. H., bei A-Seilen 8 v. H. der sichtbaren Drähte. Bei Gleichschlagseilen sind mehr Drähte an einer Stelle sichtbar; daher sind hier die entsprechenden Zahlen nur 4 v. H. (B-Seile) und 2 v. H. (A-Seile).

d) Seilverbindungen

Die Verbindung der freien Seilenden mit anderen Bauteilen beruht auf Schleifenbildung oder Klemmwirkung. Abb. 44 zeigt die gewöhnliche Kausche, Abb. 45 eine solche für größere Kräfte, bei der der Tragbolzen bessere Auflage hat. Das Seilende wird entweder von der Seilfabrik um die Kausche versponnen und überträgt dann die volle Last oder durch Seilklemmen lösbar am Hauptstrang befestigt. Die Sicherheit dieser Verbindung hängt von der Zahl der Klemmen und von der Sorgfalt der Verschraubung ab. Besonders geformte Seilklemmen, z. B. Backenzähne (Abb. 46), geben kräftigere Klemmwirkung. Löst man das Seilende in seine Einzeldrähte auf und vergießt die umgehakten

Drahtenden mit Weichmetall in einer Kegelhülse, so erhält man die unlösbare Verbindung Abb. 47, während das Seil in der Keilbüchse (Abb. 48) nachgestellt werden kann.

Für die Befestigung der Seilenden auf Trommeln ist leichte Zugänglichkeit und Nachstellbarkeit in erster Linie erwünscht. Da die Klemmwirkung (Abb. 53) an sich keine volle Sicherheit bietet, wird die am Ende zu übertragende Seilkraft regelmäßig nach der Beziehung $e^{\mu\alpha}$ verringert, indem man dafür sorgt, daß auch bei tiefster Hakenstellung noch mindestens 2 Reservewindungen auf der Trommel liegenbleiben.

Das Ineinanderspleißen zweier freier Seilenden wird möglichst vermieden. Will man dabei keine Verdickung erhalten, so muß man mit 8 bis 10 m Spleißlänge rechnen. Das Spleißen erfordert handwerkliche Fertigkeit. Seilfirma heranziehen!

e) Seilrollen

Schonende Auflage des Seils und Schutz gegen Herausspringen sind für die Form der Rille maßgebend (Abb. 49). Der Rillengrund mit Halbmesser $r \approx 0{,}53\,d$ paßt sich dem Seildurchmesser d an, ist jedoch etwas weiter, um die Gefahr des Klemmens auszuschließen.

Die Seilrollen sind meist aus Guß mit Versteifungsrippen und Löchern zum Aufspannen; neuerdings auch aus Preßblech mit eingelegten Laufringen oder geschweißt.

f) Seiltrommeln

Werden die Trommeln, die ja die Drahtseile aufzuholen und aufzuspeichern haben, als glatte Zylinder ausgeführt (Abb. 50), so werden die Seile schlecht be-

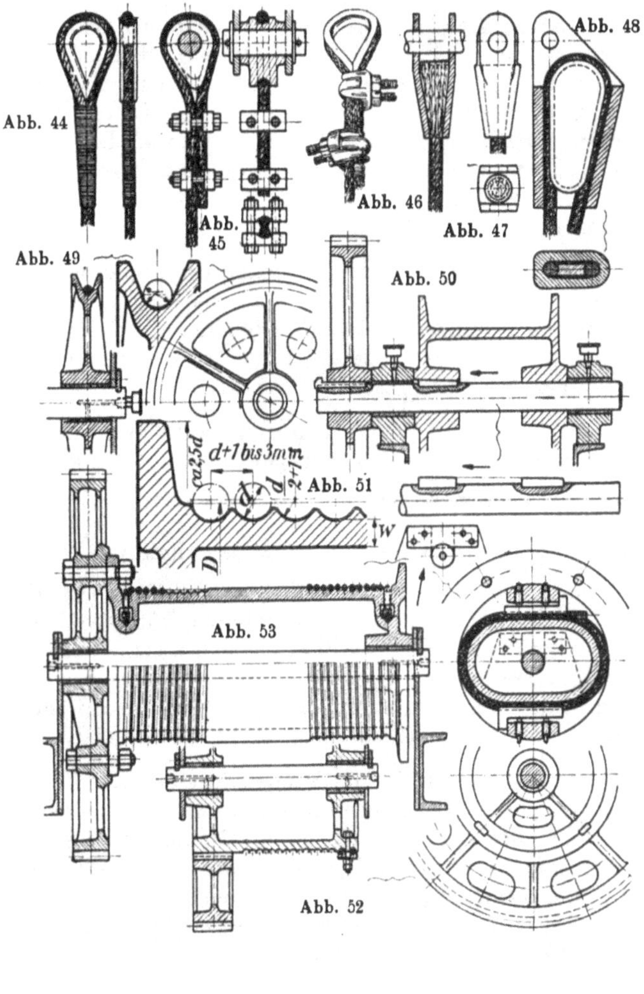
Abb. 44
Abb. 45
Abb. 46
Abb. 47
Abb. 48
Abb. 49
Abb. 50
ca 2,5d
d+1 bis 3mm
d
Abb. 51
W
D
Abb. 53
Abb. 52

handelt, da sie nur in einer Linie aufliegen, sich platt zu drücken suchen, seitlich aneinander reiben oder gar sich kreuzen und übereinander klettern. Die sich ergebende Verkürzung der Lebensdauer nimmt man nur dann in Kauf, wenn man sich auf bestimmte Seilstärken nicht festlegen will, wie bei Bauwinden, oder wenn man ohnehin die Seile in mehreren Lagen übereinander wickeln muß, wie bei Rangier- und Haspelwinden für längere Förderstrecken.

Wo angängig, im Kranbau immer, dreht man jedoch Rillen mit Halbkreisprofil ($r=1{,}06$ mal Seilradius) als Schraubengewinde in den Gußzylinder ein; die Gewindesteigung s ist dabei $d+1$ mm bei kleinen, bis zu $d+3$ mm bei starken Seilen (Abb. 51).

Die Zahl z der Nutzwindungen hängt ab von der Länge des Seils, die bei dem gewünschten Hubweg h aufzuwickeln ist; also $z=\frac{h}{D\pi}$ bei einfachem Seilstrang, $z=\frac{2\,h}{D\pi}$ bei loser Rolle usw. Der Durchmesser D der Trommel bezieht sich auf Mitte Seil. Da noch die unter d) erwähnten Reservewindungen für die Seilbefestigung und meistens Bordscheiben hinzu kommen, die das Herunterspringen der Seile besonders bei der Montage verhindern sollen, so ergibt sich die Gesamtlänge einer Trommel zu $(z+2)\,s+$beiderseitiger Rand.

Bei den üblichen Trommelabmessungen (großes Trägheitsmoment!) pflegen nicht die schwer zu berechnenden Festigkeitsbedingungen (Biegung, Drehung und konzentrischer Druck) sondern allein die Gußrücksichten für die Bemessung der verbleibenden Wandstärke w entscheidend zu sein. Einen Anhalt gibt die Faustformel $w=$Seildurchmesser d.

Neuerdings werden die Trommeln bevorzugt aus Stahlblechen geschweißt (Abb. 54). Eine Blechtafel wird auf der Biegemaschine zum Zylinder gerollt und durch Längsnaht geschlossen. Beiderseits werden Blechscheiben mit eingesetzten Naben oder Bordringe angeschweißt. Die volle Stärke des Mantelblechs, in welches dann die Seilrillen

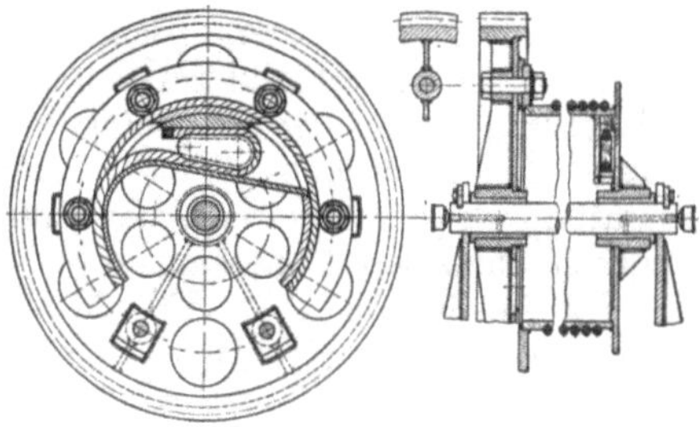

Abb. 54

eingedreht werden, kann mit etwa δ = Seildurchmesser d angenommen werden. Rippen zur Verstärkung von Mantel und Bordscheiben sind nach Versuchen und Berechnungen von Ernst (Mitt. Forsch. Anst. GHH-Konzern Heft 8, Sept. 1938) für die Beanspruchung nicht nur nicht förderlich, sondern schädlich, weil sie die natürliche elastische Formänderung stören.

Das Antriebsdrehmoment wird entweder durch eine Welle auf die Trommel übertragen — auf die Möglichkeit des Aufkeilens der Trommelnaben ist dabei besonders zu achten (Abb. 50) — oder besser unmittelbar vom Trommelzahnrad in die Trommel hineingeleitet. Das Rad wird dabei auf Nabe oder Umfang (Abb. 52) der Trommel aufgekeilt oder mit einem Flansch der Trommel verschraubt (Abb. 53). Da die Zentrierung zwischen Trommel und Rad nur die Zapfenkraft aufnimmt, so muß die Umfangskraft der Trommel durch die Schrauben übertragen werden, von denen zwei als gedrehte Paßschrauben ausgeführt und näherungsweise derart auf Biegung berechnet werden können, daß eine Schraube allein als tragend angenommen, aber so hoch beansprucht wird, daß sie eben unter der Bruchgrenze ist. Auf diese Weise wird verhütet, daß bei schlechtem Einpassen eine Schraube nach der andern zum Tragen kommt und zerstört wird. Rechnet man die Schrauben aus der notwendigen Flächenreibung, so muß man dabei den Reibungskoeffizienten und die Kraft mit der der Arbeiter anzieht, voraussetzen, kommt aber zu ähnlichen Abmessungen.

Die Ausführung nach Abb. 50 erfordert eine Welle (σ_{bzul} Fall III) und Traglager, während bei Ausführung Abb. 52 u. 53 eine festliegende schwächere Achse (σ_{bzul} Fall II) genügt, welche mit Achshaltern befestigt wird.

2. Kettenwinden

Für Handwinden mit gedrängten Raumverhältnissen und kleineren Lasten sind auch heute noch die Gliederkette und die Gallsche Gelenkkette als Zugorgane zweckmäßig. Die Gelenkkette ist auch für größere Lasten und mechanischen Antrieb verwendbar.

a) Gliederketten

Bei Hebezeugen wird nur die kurzgliedrige Kette mit ovalen Gliedern gebraucht. Rundeisenstäbe werden schräg beschnitten, in der Hitze gebogen, in das schon fertige vorhergehende Kettenglied eingefädelt und durch Hämmern verschweißt (Abb. 55).

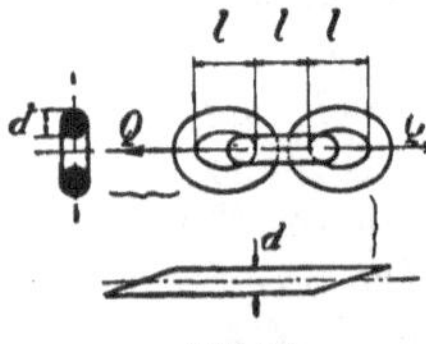

Abb. 55

Form und Belastungsfähigkeit sind niedergelegt in Dinorm 765 und 69) für kalibrierte Ketten, welch letztere einer Nacharbeit im Gesenk unterzogen sind, um genau in die

Zähne von Daumenrollen zu passen. Die Teilung l (innere Baulänge) ist etwa = 2,8facher Ketteneisenstärke d.

Der Zug Q wird durch beide Schenkelquerschnitte aufgenommen also $\sigma_z = \frac{Q}{2\,d^2\pi/4}$. Rechnet man mit dieser Formel die Bruchfestigkeit einer in der Kettenprüfmaschine bis zum Bruch belasteten Kette nach, so wird nur etwa $^4/_5$ der Bruchfestigkeit des Werkstoffs erreicht, was auf die zusätzliche Biegungsspannung zurückzuführen ist. Praktisch rechnet man nur mit der Zugformel, indem man mit etwa vier- bis zehnfacher Sicherheit die zulässige Spannung k_z zwischen 600 und 250 kg/qcm einsetzt, je nachdem man es mit ruhiger, seltener Belastung oder mit häufiger, stoßweiser Belastung zu tun hat. Eine Kette $d=23$ hat z.B. $l=64$ und eine Nutzzugkraft von 5000 bis herunter zu 2000 kg, je nach Betriebsart.

Die Gliederketten besitzen von allen Zugorganen die größte allseitige Beweglichkeit. Dauernd gebrauchte Ketten werden an den Berührungsstellen der Glieder durch Kaltwalzen spröde, so daß plötzliche Brüche eintreten können, und müssen daher periodisch z. B. alle halbe Jahre ausgeglüht werden, um die ursprüngliche Zähigkeit wiederherzustellen. Durch Schmierung wird die Abnutzung an den Reibstellen so wirksam verhindert, daß die Lebensdauer gepflegter Ketten sehr hoch ist.

Umlenkrollen nach Abb. 56 für rauhere Betriebe. Nach Abb. 57 gewähren sie den querliegenden Kettengliedern beiderseitige Auflage, während die hochkant liegenden Glieder in einer Ringnut frei durchhängen. Läßt man die Auflageflächen nach außen abfallen, so ruhen die Querglieder biegungsfrei am Kopfende auf statt in der Schenkelmitte (Abb. 58).

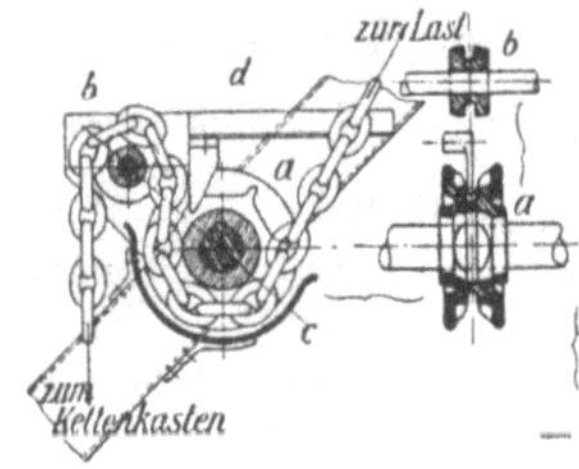

a Kettendaumenrad
b Umlenkrolle
c Schutzbügel
d Abstreifer

Abb. 59

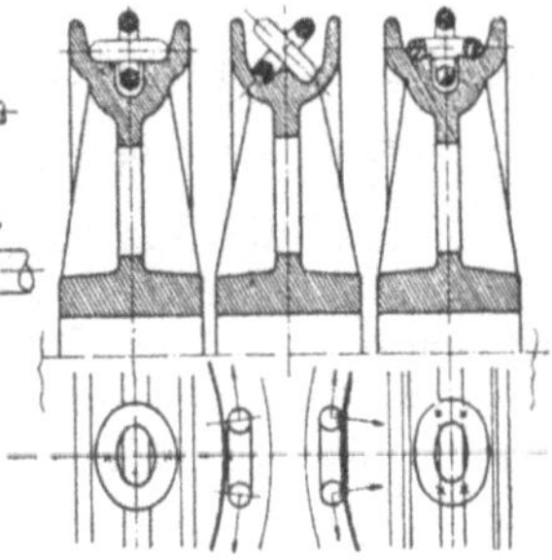

Abb. 57 Abb. 56 Abb. 58

Daumenrollen (Abb. 59) haben dasselbe Rillenprofil; es treten jedoch noch seitliche Vorsprünge des Kranzes (Zähne) hinzu, zwischen welche die querliegenden Kettenglieder eingebettet werden. Bei ganz kleinen Zähnezahlen (4 und 5) werden auch die Hochkantglieder durch Zähne im Rillengrund gefaßt. Der für die Berechnung maßgebende Durchmesser der Daumenrolle (Kettennuß) $D = \sqrt{\left(\frac{l}{\sin\frac{90^0}{z}}\right)^2 + \left(\frac{d}{\cos\frac{90^0}{z}}\right)^2}$, wobei l die Kettenteilung, z die Zähnezahl, kann für $z \geqq 10$ mit genügender Genauigkeit aus $D = \frac{l}{\sin\frac{90^0}{z}}$ bestimmt werden.

Zweck der Daumenrollen ist die Übertragung von Umfangskräften zwischen Kette und Rolle. Entweder wird das Drehmoment an der Rolle in eine Zugkraft an der Kette umgesetzt — (Kettenwinde) oder umgekehrt (Haspelrad).

Der Hauptvorteil der Daumenrolle, daß man durch kleine Zähnezahl sehr kleine Durchmesser, also kleine Lastmomente und Übersetzung erreicht und daß die Last genau senkrecht ansteigt, macht sie für Winden gedrängtester Bauart, besonders Flaschenzüge, Wandwinden, Katzfahrwerkswinden mit endloser Zugkette und für Haspelräder in erster Linie brauchbar. Bei solcher Verwendung fällt ihr Nachteil, der rasche Verschleiß und unruhige Lauf bei größerer Drehzahl nicht ins Gewicht.

Wünschenswert ist ein Schutzbügel gegen Herausspringen der Kette und ein Abstreifdaumen, um eingeklemmte Glieder sicher herauszuholen. Das unbelastet ablaufende Kettenende hängt bei Flaschenzügen frei herab, bei Kranen sammelt es sich in einem Kettenkasten (Abb. 59).

Kettentrommeln sind glatt oder mit spiralig eingedrehten Ringnuten für die Hochkantglieder versehen. Ihr Durchmesser soll $=10$ bis $20\,d$ sein. Sie sind schwer, plump, nur für kleine Hübe geeignet und daher heute fast gar nicht mehr verwendet.

b) Gelenkketten

Während für Dauerförderer Gelenkketten in recht vielgestaltigen Formen gebraucht werden, kommen für Hebezeuge nur die Gallschen Ketten in Frage. Hohe Materialfestigkeit und genaue Werkstattherstellung (gedrehte Stahlbolzen, gebohrte Flußeisenlaschen) sowie die Möglichkeit, einzelne Glieder beliebig herausnehmen und einsetzen zu können sind Vorzüge gegenüber der Gliederkette. Die Gallsche Kette ist dagegen nur in einer Ebene beweglich, sie ist schwerer und teurer und hat geringere Lebensdauer. Obwohl die Laschen sich nur an der Auflaufstelle am Daumenrad unter Last um die Bolzen drehen, so hat doch die außergewöhnlich hohe Flächenpressung von etwa 1000 kg/qcm bei Volllast einen starken Verschleiß im Gefolge. Man wählt die Kette nach der in Firmentabellen (DIN 8150) angegebenen Tragkraft. Bei motorischem Antrieb und angestrengtem Betrieb wird man wegen des Verschleißes eine entsprechend stärkere Kette nehmen.

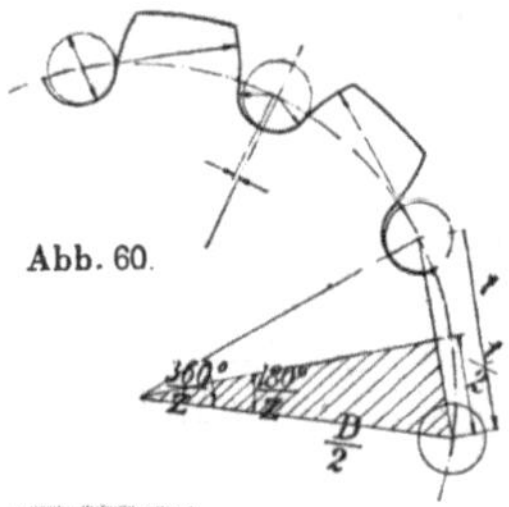

Abb. 60

Die Profile der gefrästen Zähne der Daumenrollen sind aus Kreisbogen um die Bolzenmittelpunkte zusammengesetzt (Abb. 60). Da die Teilung t als Sehne im Teilkreis liegt, ergibt

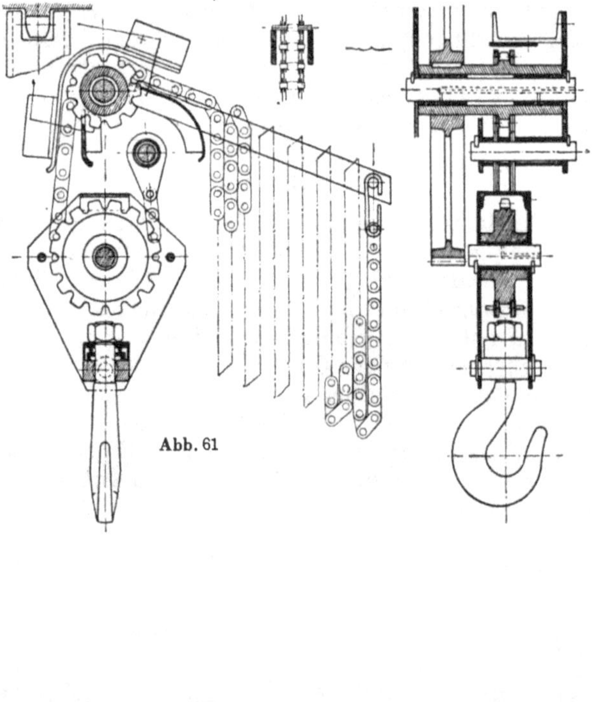

Abb. 61

sich der Durchmesser $D = t : \sin(180 : z)$, wobei z = Zähnezahl, die für Lastdaumenräder meist = 8 bis 10 genommen wird. Auch hier sind Schutzbügel und Abstreifdaumen zur Sicherung des Kettenlaufs erforderlich. Das spannungslos ablaufende Kettenende wird in Schleifen aufgespeichert, indem periodisch eingeschaltete längere Bolzen von beiderseitigen geneigten Gleitbahnen aufgefangen werden, während diese die normalen Bolzen durchlassen (Abb. 61).

c) Vergleich zwischen Drahtseil, Glieder- und Gelenkkette

Das Drahtseil hat die Ketten bei Hebezeugen fast ganz verdrängt, weil es sehr viel billiger und leichter ist, vollkommen geräuschlos läuft und seine Zerstörung durch äußerlich sichtbare Drahtbrüche schon vorher anzeigt. Es eignet sich für die größten Lasten, indem diese in Rollenzügen auf viele Seilstränge verteilt werden.

Ketten in Verbindung mit Daumenrollen sind heute auf Winden beschränkt, bei denen der Hauptwert auf gedrängteste Bauart gelegt wird, weil sie hier dem Drahtseil entschieden überlegen sind. Gliederkette ist dabei am Platz für Handwinden und Flaschenzüge bis etwa 10 t, während Gallsche Kette auch für Lasten bis etwa 50 t und für motorischen Antrieb in Frage kommen kann.

Gliederkette kann geräuschvoll sein, hat aber größte Lebensdauer. Sie ist als Haspelkette bequem anzufassen.

3. Trag- und Greifzeuge (Lastaufnahmemittel)

Die Einzellasten werden gewöhnlich mit Hanfseil-, Drahtseil- oder Kettenschlingen in Lasthaken eingehängt. Bei regelmäßig wiederkehrenden gleichartigen Lasten kann das von Hand vorzunehmende Einhängen von Schlingseilen erleichtert oder ganz vermieden werden durch Sondervorrichtungen (Zangen, Pratzen). Manche dieser Vorrichtungen werden vom Kran aus ferngesteuert und machen den Arbeiter an der Last entbehrlich (gesteuerte Zangen, Hebemagnete). Körnige Massengüter (Steine, Sand, Kohle, Getreide) werden in Sondergefäßen zu Einzellasten zusammengefaßt (Klappkübel). Auch hier kann durch Fernsteuerung die Handarbeit zum Füllen der Gefäße ausgeschaltet werden (Selbstgreifer).

a) Haken

Geschlossene Haken (Abb. 62 u. 63) sind für kleine Lasten selten, weil das Durchziehen der Schlingseile unbequem ist; ihr eigentliches Feld sind größte Lasten von etwa 100 t an aufwärts. Dort kommt ihr Vorteil, die günstige Beanspruchung der Haupttragteile, besonders zur Geltung (Abb. 63 Querhaupt *AB* beiderseits gelagert).

Offene Lasthaken sind als einfache Haken (Abb. 65) und als Doppelhaken gebräuchlich; letztere besonders für sperrige Lasten mit stark seitlich ziehenden Schlingseilen (Abb. 66).

Für die Berechnung der wesentlichen Hakenquerschnitte auf Zug und Biegung darf auf die Lehrbücher der Festigkeitslehre verwiesen werden, da einfache Lasthaken und Doppelhaken in DIN 687, 688 und 699 nach Tragkraft und Abmessungen festgelegt und danach von Spezialfirmen zu beziehen sind. Zum Aufzeichnen der genormten Haken dienen die Schaubilder Abb. 67 und 68.

Die zugelassenen Spannungen sind ziemlich hoch und liegen etwa bei 1100 bis 1300 kg/qcm.

Haken, die an einem einzigen Seil- oder Kettenstrang hängen, müssen oft durch ein besonderes Belastungs-

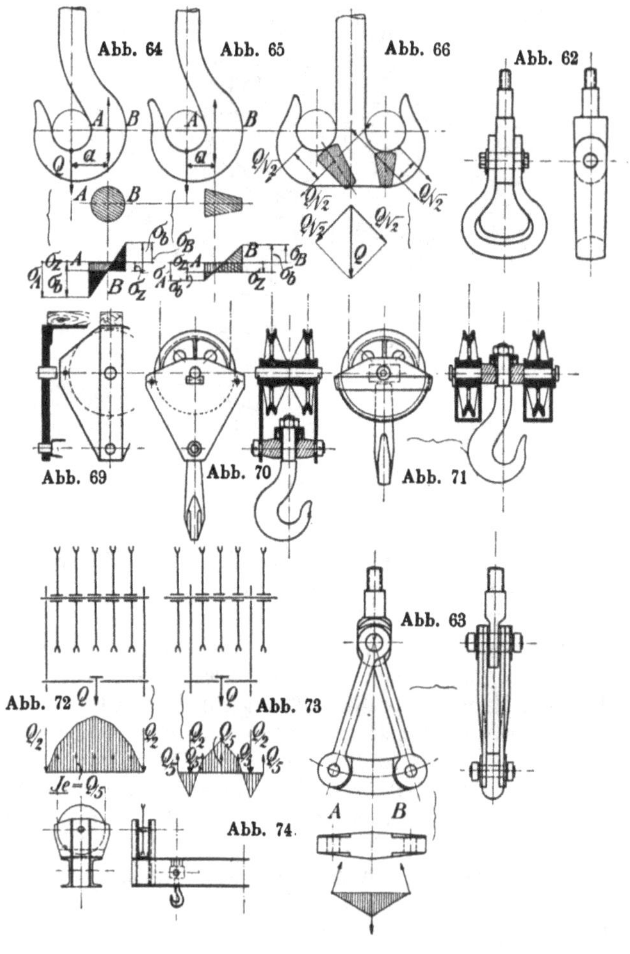

Abb. 64 Abb. 65 Abb. 66 Abb. 62

Abb. 69 Abb. 70 Abb. 71

Abb. 63 Abb. 72 Abb. 73 Abb. 74

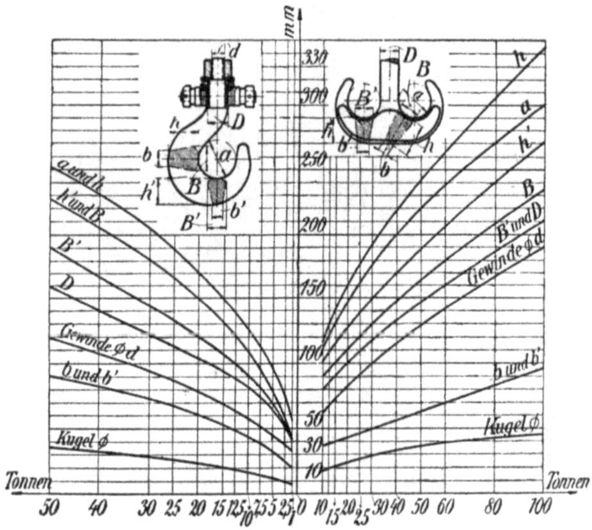

Abb. 67 **Abb.** 68

gewicht beschwert werden, um ohne Last die Winde im Senksinn durchzuziehen.

Unterflasche heißt die Verbindung einer oder mehrerer loser Rollen mit dem Haken. Die gelenkig gelagerten Zuglaschen zwischen der Rollenachse und dem Querhaupt, das die Bohrung für den Hakenschaft enthält, werden meist mit etwa 4 mm starken Schutzblechen verbunden, welche die Beschädigung der Rollen verhüten sollen (Abb. 69). Bei leichteren Unterflaschen verstärkt man das Schutzblech auf 8 bis 10 mm und kann dann die Zuglasche entbehren (Abb. 70). Die Distanzbolzen der Schutzbleche liegen so nahe an den Rollen, daß sie ein Herausspringen der Seile verhindern. Da es möglich sein muß, die freischwebende Last ohne Verschränken der Seilstränge von Hand um die senkrechte Achse zu drehen, stützt sich die Hakenmutter fast immer auf ein Spurkugellager im Querhaupt ab. Die Mutter ist zu sichern. Der Hakenschaft muß einen Bund oder eine Unterlegscheibe haben, deren Abstand von der Unterkante des Querhaupts so klein ist, daß die Kugeln beim Aufsetzen der Unterflasche auf den Boden nicht herausfallen können. Das Querhaupt ist im geschwächten Mittelquerschnitt und an den Stirnzapfen auf Biegung zu rechnen. Die Pressung in den letzteren kann hoch sein (1500 kg/qcm), da eine Drehung der Lasche bei anhängender Last nicht vorkommt.

Ist besonders kleine Bauhöhe verlangt, so kann der verlängerte Hakenschaft unmittelbar in der entsprechend ausgebildeten Rollenachse gelagert werden (Abb. 71).

Bei Unterflaschen mit vielen Rollen für große Lasten ist die Anordnung von zwei fliegenden Rollen günstig für Biegungsmoment, also Durchmesser und Reibungswiderstand der Rollenachse (vgl. Abb. 72 u. 73). Für lange Lasten werden oft Traversen aus Profileisen mit mehreren Haken ausgeführt (Abb. 74). Die Winde muß dann entsprechend breit gebaut sein. Für Schienen und Stabeisen werden derartige Traversen mit festen oder beweglichen Pratzen ausgerüstet.

Sondergehänge, die sich regelmäßig wiederkehrenden Lasten anpassen, werden in Zukunft bei fortschreitender Rationalisierung der Betriebe eine größere Rolle als bisher spielen. Hierher gehören auch

b) Zangen

Bei selbstschließenden Zangen führt die Last selbst die Klemmwirkung zwischen den Spitzen oder Klauen herbei, so daß diese Wirkung eine Funktion der Lastgröße ist. Das Anlegen solcher Zangen kann durch einen Bedienungsmann vom Boden aus oder durch ein Steuergestänge vom Kran aus erfolgen.

Wird die Zange mit gekreuzten Zangenschenkeln (Abb. 75 bis 77) geöffnet über den zu fassenden Block gelegt und der Haken hochgezogen, so bleiben die schweren Zangenschenkel zunächst zurück und werden

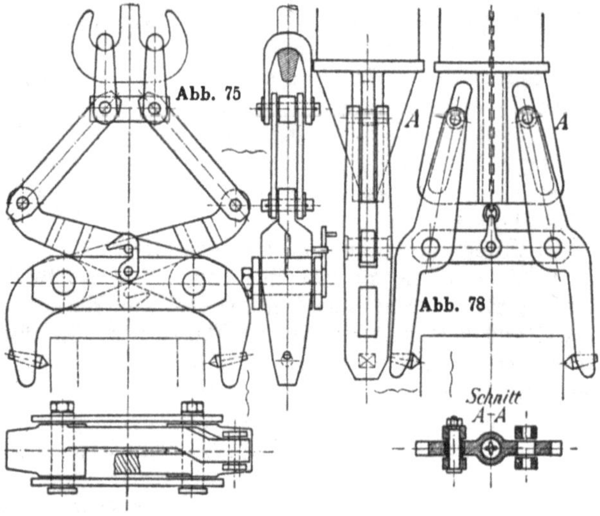

durch die Lenker AB um die Bolzen C bis zur Anlage der Spitzen D an den Block gedreht. Die entstehende Anfangsreibung hält die Schenkel auch bei weiterem Hakenhub zurück und nun wird die Klemmwirkung an den Spitzen rasch gesteigert, bis der Block schwebt. Äußere Kräfte an der Zange sind nun (Abb. 76 u. 77) die Last Q, die je hälftig an den Spitzen angreift und der Zug am Haken $= Q$. Die Zugkräfte S in den Lenkern AB und die Zugkraft H im oberen Querriegel ergibt das

Kräftedreieck. Von den äußeren Kräften am Zangenhebel BCD ist bekannt S nach Größe und Richtung, Z nach Richtung. Durch den Schnittpunkt beider Kräfte muß daher die noch unbekannte Kraft R an der Spitze D gehen. Größe von R aus dem Kräftedreieck. Da die senkrechte Komponente von $R = Q/2$ ist, so stellt die waagrechte Komponente N die Klemmkraft dar. Die Zange muß so gebaut werden, daß N ausreicht, d. h. μN muß $\geq Q/2$ sein, um die Last festzu-

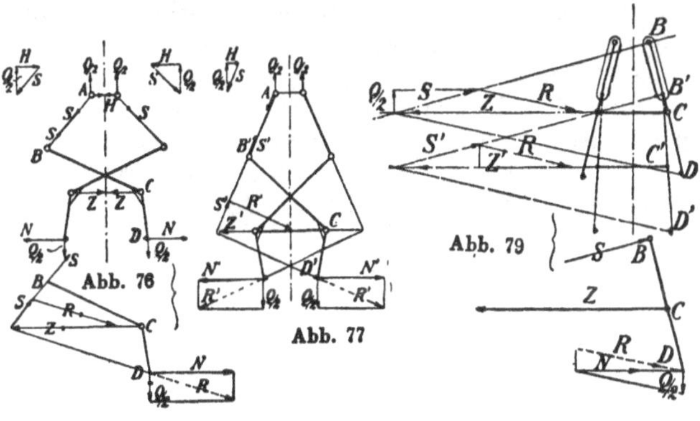

Abb. 76

Abb. 77

Abb. 79

halten. Bei den üblichen Lasten darf $\mu = 0{,}3$ bis $0{,}5$ angenommen werden. Aus Abb. 77 ist ersichtlich, daß N bei kleinerer Maulweite stark abnimmt, daß also vor allem die Klemmwirkung bei schmalen Lasten untersucht werden muß.

Wesentlich gleichförmigere Klemmwirkung bei verschiedener Spitzenweite gibt die Schlitzzange (Abb. 78). Die ungekreuzten Zangenhebel werden beim Greifen vom hochgehenden als Keil wirkenden Schlitzrahmen oben auseinander, unten zusammengedrückt. Die graphische Bestimmung der Kräfte am Zangenhebel (Abb. 79) ist dieselbe wie oben.

Für flottes Arbeiten werden solche Zangen vom Kran aus ferngesteuert, indem durch ein zentrales Steuerseil das untere Querhaupt mit den Schenkeldrehpunkten bei geöffneter Zange hochgehalten, zum Schließen nachgelassen wird. Beim Heben und Senken wird das Steuerseil im gleichen Tempo wie das Hubseil auf- oder abgewickelt; die Relativbewegung beim Schließen oder Öffnen der Zange wird (wie bei Selbstgreifern) durch eine Rutschkupplung mit Bremse, durch besonderen Motor oder ähnliche Vorrichtungen bewirkt. Kann das Eigengewicht des zu fassenden Gegenstandes aus irgendeinem Grund zur Erzeugung der selbsttätigen Klemmwirkung nicht herangezogen werden, so wird die Zange meist über Kniehebel und Schraubenspindeln durch eine **fremde Kraft** geschlossen. Bei Blockzangen für waagrechte Öfen im Walzwerk (Abb. 80) wird die

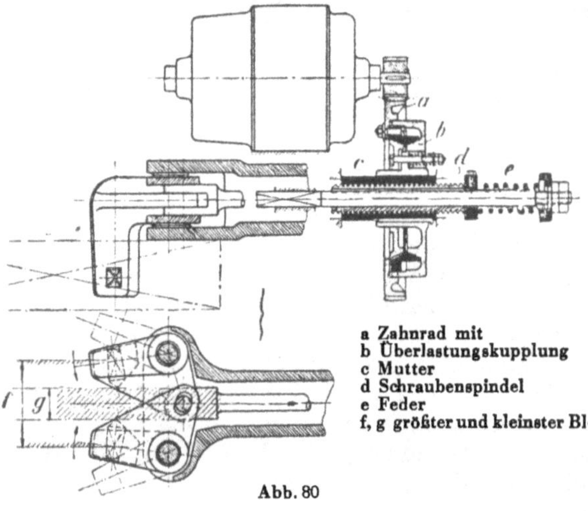

a Zahnrad mit
b Überlastungskupplung
c Mutter
d Schraubenspindel
e Feder
f, g größter und kleinster Block

Abb. 80

selbsthemmende Schraubenspindel von einem Elektromotor angetrieben unter Zwischenschaltung einer Überlastungskupplung, welche verhütet, daß der Motor plötzlich unter Strom stehen bleibt, wenn die Spitzen gefaßt haben. Er läuft vielmehr mit der durch die Kupplung eingestellten Höchstbelastung weiter, bis er abgeschaltet wird.

c) Die Selbstgreifer zum Fassen von körnigem Massengut wie Kohle, Sand, Kies, Getreide, Rüben u. dgl. sind kraftschließend und ferngesteuert. Die Kraft zum Schließen wird von den Hubseilen einer Winde abgegeben und ist nach oben hin begrenzt durch das Gesamtgewicht des Greifers einschließlich der jeweiligen Füllung. Müßte zur Überwindung des Schließwiderstands die Seilkraft größer sein als das Greifergewicht, so würde ja der Greifer angehoben, ehe er sich geschlossen hat. Innerhalb des Greifers wird die Seilkraft durch einen mehrsträngigen Rollenzug oder durch eine Differentialtrommel ins Starke übersetzt.

Zweiseilgreifer. Arbeitsweise (Abb. 81 u. 82)

Der obere Rollenkörper hängt an den ,,Entleerungsseilen" *E*. Die Hubseile *S* gehen zunächst zum unteren Rollenkörper *U* und dann über den Rollenzug. Zum offen oder geschlossen Heben oder Senken müssen beide Seilpaare im gleichen Tempo durch die Entleerungs- und die Hubtrommel, die beide durch eine Rutschkupplung *R* verbunden sind, auf- oder abgezogen werden. Das Schließen und Öffnen wird durch eine Relativbewegung zwischen Ober- und Unterflasche herbeigeführt. Die Entleerungstrommel T_e wird dabei festgebremst, während die Hubtrommel T_h läuft und die Rutschkupplung schleift. Die Vorgänge spielen sich also folgendermaßen ab:

1. Geöffnet Senken. Bremse B lose. Beide Trommeln laufen. Greifer wird auf das zu greifende Material kräftig aufgesetzt (Abb. 81).

2. Schließen. Bremse fest. Entleerungsseile lose. Die Hubseile ziehen unter Überwindung des Schließwiderstands den unteren gegen den oberen Rollenkörper O herauf (Abb. 82).

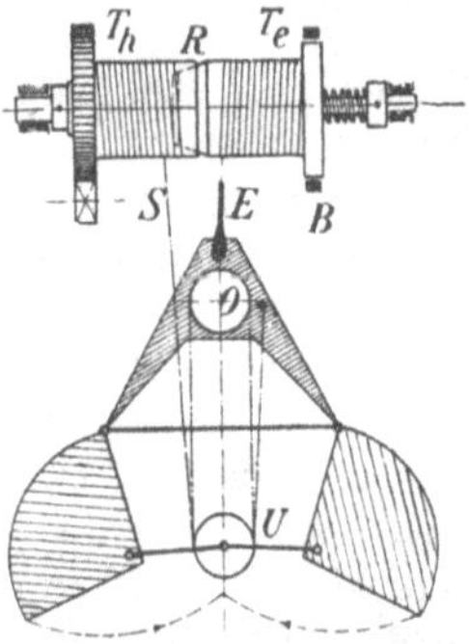

Abb. 81

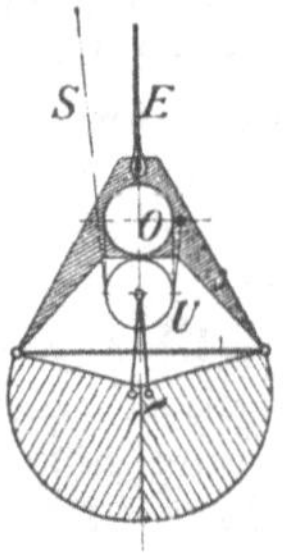

Abb. 82

3. Voll heben. Bremse lose. Beide Trommeln heben.

4. Öffnen. Bremse fest. Hubtrommel senkt. Rutschkupplung schleift.

Kräfteverlauf im Greifer

Wenn der Greifer geschlossen wurde und eben durch weiteres Anziehen der Hubseile in die Schwebe kommt, so sind die Kräfte leicht zu bestimmen (Abb. 83). Als äußere Kräfte am System sind nur vorhanden die Gewichte nach unten (Q = Füllung, G_o = oberer, G_u = unterer Rollenkörper, G_s = Greiferschale) und die ihnen gleichen Hubseilkräfte $2\,S = Q + G_o + G_u + 2G_s$ nach oben. Von inneren Kräften erhält man die Stangenkraft L aus dem Kräftedreieck am oberen Rollenkörper (Abb. 83c). Wegen der Symmetrie genügt es, eine Greiferhälfte zu betrachten. Nach unten ziehen $4\,S + G_o/_2$, nach oben drückt L. An der Greiferschale (Abb. 83d) drückt L nach unten und setzt sich mit $Q/2$ und G_s

zu einer Resultanten R_1 zusammen (d); diese schneidet die waagrechte Richtung des der Größe nach noch unbekannten Schließwiderstands P in A. Die Verbindungslinie BA ergibt die Richtung der Zapfenkraft R_2

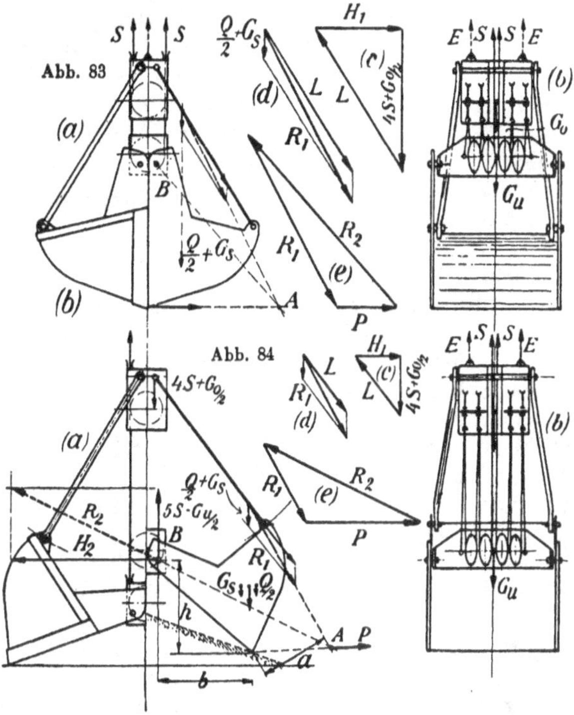

im Schalendrehpunkt B. Die Größe von P und R_2 erhält man endlich aus dem Kräftedreieck (Abb. 83e). Als Probe muß die senkrechte Komponente von $R_2 = 5\,S - G_u/_2$ sein.

Während des Greifens (Abb. 84) ist die Richtung von P nicht bekannt; auch die Größe von S kann zwischen 0 und dem oben erwähnten Höchstwert schwanken, da die Seile in statisch nicht bestimmbarer Weise durch den Auflagerdruck des Bodens entlastet werden und da außerdem die Größe der jeweiligen Füllung nicht festliegt. Die Rechnung kann also nur unter Annahme eines bestimmten Seilzugs und einer bestimmten Füllung durchgeführt werden.

L und R_1 werden wie oben konstruiert (Abb. 84c u. d). Die Momentengleichung um die Schalenspitze bei P lautet: $R_1 a + (5\,S - G_{u/2})b = H_2 h$. Hieraus H_2. Die Resultante von H_2 und $5\,S - G_{u/2}$ sei R_2; sie schneidet R_1 in A. Aus dem Kräftedreieck (Abb. 84e) erhält man die gesuchte Größe und Richtung von P.

In Wirklichkeit ist P abhängig vom augenblicklichen Widerstand des zu greifenden Ladeguts und S muß sich dementsprechend ständig verändern. Die Rechnung der Kräfte beim geöffneten oder halboffenen Greifer hat also nur den Wert, über die allgemeine Veränderung der Schneidkraft sich ein Bild zu machen und die Zweckmäßigkeit verschiedener Schalen- und Lenkerformen miteinander zu vergleichen. Die Festigkeitsrechnung geht vom geschlossenen Greifer aus.

Außer den gezeichneten, in Deutschland überwiegend gebauten Bauformen, gibt es noch viele andere, die Sonderzwecke verfolgen: Kleine Schneidkraft, um das Greifgut, z.B. Getreide zu schonen; große Schneidkraft, um eingeklemmte Brocken zu zermalmen; Polypgreifer mit vielen, im Kreis angeordneten, spitzen Schalen für Schrott u. ä. Während die 2-Seilgreifer eine besondere Winde mit zwei Trommeln erfordern, gibt es den 1-Seilgreifer, der nur eine gewöhnliche Winde mit einer Trommel erfordert. Das Öffnen des Greifers wird hier durch einen einstellbaren Anschlag am Kran eingeleitet. Beim Motorgreifer (Abb. 85) sitzt der Motor auf dem oberen Querhaupt des Greifers selbst und besorgt mit einer Seil- oder Kettenwinde die Relativbewegung des unteren Querhaupts. Stromzufuhr durch Kabel. Preis, Strapazierung des Motors und ungünstige Schwerpunktslage beschränken diese Form auf Fälle, wo man den Greifer nur zeitweise und rasch auswechselbar an den Lasthaken eines Krans hängen will.

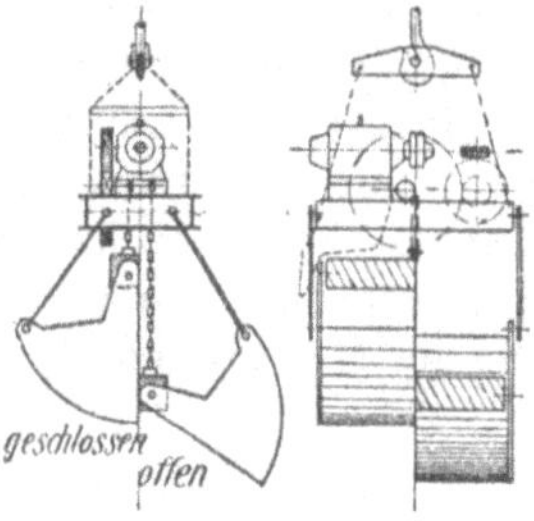

Abb. 85

d) Hebemagnete

Hebemagnete zum Fassen von Eisenlasten aller Art (Blöcke, Bleche, Stabeisen, Masseln, Schrott, Späne) sind ferngesteuert und machen Bedienungsmannschaften auf dem Boden von Lagerplätzen und Lagerhallen überflüssig (vgl. Abb. 133). Wird die in einem Eisenkern eingeschlossene Spule vom Kranführer unter Strom gesetzt, so müssen die erzeugten magnetischen Kraftlinien ihren Weg von einem Pol des Kerns zum andern durch die Last nehmen. Je geringer die Widerstände sind, welche diese Last den Kraftlinien entgegensetzt, d. h. je geschlossener ihr Eisenquerschnitt ist, um so größer wird die Tragfähigkeit des Magneten. Derselbe kreisförmige Hebemagnet von 1500 mm Durchmesser (Eigengewicht 2,1 t), der einen Stahlblock mit glatter Auflagefläche im Gewicht von 30000 kg tragen kann, ist nur imstande etwa 500 bis 800 kg Späne oder Schrott zu fassen, da hier die Summe aller Übergangswiderstände zwischen den Eisenteilen sehr groß ist. Die Last fällt ab, wenn der Strom ausgeschaltet wird.

Die Magnete können nur mit Gleichstrom gespeist werden. Bei Drehstromnetzen muß auf dem Kran ein Umformer oder Gleichrichter aufgestellt werden. Bei fahrbaren Drehkranen mit Dampf- oder Dieselantrieb ist ein kleiner Gleichstromgenerator erforderlich. Das Kabel für die Stromzuführung muß mit dem Magnet gehoben und gesenkt werden und wird bei größerem Hub auf eine besondere Kabeltrommel aufgespult, die mit der Hubtrommel in Verbindung steht.

B. Druck von unten mit Bewegungsschrauben

Das richtige Betätigungsfeld für die Hubschraube ist dort, wo es sich um große Druckkräfte bei kleiner Hubhöhe handelt. Man macht sie selbsthemmend und erspart damit alle sonstigen Bremsvorrichtungen.

Bei der einfachen, bis zu Lasten von 20 t handelsüblichen Schraubenwinde (Abb. 86) ruht die Last auf einer Pratze, die sich mit einem Spurlager auf die drehbare Schraubenspindel aus Stahl abstützt. Da die

Abb. 90 a) mit Handantrieb b) mit elektrischem Antrieb

Abb. 88

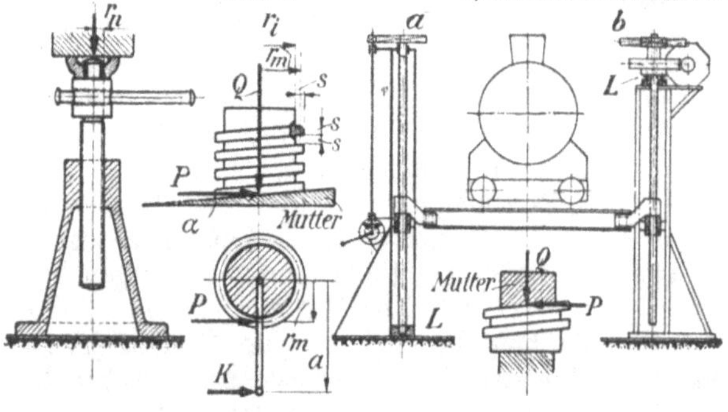

Abb. 86 Abb. 87 Abb. 89

Bodenreibung das Muttergestell am Drehen hindert, schraubt die Spindel sich selbst und die Last in die Höhe, sobald man an einem durchgesteckten Dorn oder an einem Ratschenhebel ein Drehmoment auf sie ausübt. Dieses Drehmoment Ka setzt sich um in Pr_m (Abb. 87). Die Umfangskraft P schiebt den Schraubengang auf der schiefen Ebene der Mutter unter Reibung nach oben (Abb. 88) und muß sein $P = Q \operatorname{tg} (a + \varrho)$. Außerdem muß die Reibung in der Spurringfläche (mittlerer Radius $= r_s$) überwunden werden, also wird

$$Ka = Q \operatorname{tg} (a + \varrho)\, r_m + \mu Q r_s.$$

Bei Lokomotivhebeböcken werden die beiden Ständerpaare je durch einen Querbalken verbunden, der sich auf die senkrecht beweglichen, aber durch Führung am Gestell an der Drehung verhinderten, bronzegefütterten Muttern abstützt. Hier hebt der gedrehte Schraubengang mit seiner schiefen Ebene die Mutter und damit die Last (Abb. 89). Das Drehmoment M_d an der Spindel wie oben $= Pr_m = Q \operatorname{tg} (a + \varrho)\, r_m + \mu Q r_s$. Stirn-, Kegel- oder Schneckenräder übersetzen M_d auf die Kurbel- oder Motorwelle (Abb. 90). Liegt das Spurlager L der Spindel unten (Abb. 90a), so ist diese auf Druck und Knickung und durch M_d auf Drehung beansprucht; liegt L oben (Abb. 90b), so erhält sie Zug und Drehung, während der Ständer den Druck der Last aufnimmt.

Weitere Anwendungen mit verhältnismäßig kurzem Hub und Selbsthemmung finden die Schraubenspindeln bei den Einziehwerken von Drehkranen (s. Abschnitt IV B 2) und bei Waggonkippern.

Berechnung einer Hubspindel, belastet durch Q kg.

Man rechnet vorläufig den Kernquerdurchschnitt auf Druck (oder Zug) aus: $Q : r_i^2 \cdot \pi = \sigma_{d\,zul} = 900$ kg/cm².

Nachprüfung auf Knickung (5fache Sicherheit nötig). Der Kernquerschnitt bedarf ein Trägheitsmoment $J = 2{,}33 \cdot Q \cdot l^2$

in cm^4 (Q in t, Knicklänge l in m einzusetzen! (Praktische Form der Eulergleichung). Man erhält einen Winkel von etwa 4° wenn man die Gewindegänge mit quadratischem Profil so stark macht, daß $s = \frac{r_i}{4}$ wird (Abb. 88). Dann ist tg $\alpha = \frac{2\,s}{2\,r_m \pi}$ $= \frac{r_i/4}{9/8 \cdot r_i \cdot \pi} = 0{,}071$, also $\alpha = 4°$. Annahme der Mutterlänge und Nachprüfung der Gewindegänge auf spezifische Pressung. Diese sollte auch bei Bronzemuttern 100 kg/qcm nicht überschreiten.

III. Fahrwerke. Allgemeines

Soll eine Last Q um die waagrechte Strecke s fortbewegt (Abb. 91) werden, so braucht der Schwerpunkt nicht gehoben zu werden; die hierzu nötige Arbeit ist daher theoretisch $= 0$, in Wirklichkeit bei gleitender Verschiebung $= \mu Q s$ (μ Reibungskoeffizient). Diese Arbeit wird verkleinert auf $W_f \cdot s$ ($W_f =$ Fahrwiderstand; seine Berechnung s. Abschnitt C), wenn die Last auf ein Fahrzeug mit Laufrädern gesetzt wird (Abb. 92).

Fahrbare Hebezeuge werden entweder durch Zugorgane (Seile oder Ketten) von einer Winde aus gezogen, deren Berechnung einer Hubwinde entspricht, nur daß der Fahrwiderstand an Stelle der Last tritt. Oder aber werden die Laufräder durch ein Drehmoment um ihre Achse zum Vorwärtsrollen gebracht. Das Drehmoment kommt dabei mit der nötigen Räderübersetzung von einem auf dem Fahrzeug selbst sitzenden Motor oder Handantrieb (Selbstfahrer).

Beim Anlauf treten zum Fahrwiderstand noch Beschleunigungskräfte. Wird der Antrieb abgestellt, so läuft das Fahrzeug auf waagrechter Strecke so lang aus, bis die Trägheitskräfte vom Fahrwiderstand aufgezehrt sind. Soll rascher oder an genau bestimmter Stelle angehalten werden, so muß gebremst werden.

Zweck der fahrbaren Hebezeuge ist die Erweiterung des Arbeitsbereichs, das beim reinen Hubwerk nur eine senkrechte Linie ist. Während das reine Fahrzeug die Last in waagrechter Linie bewegt, ergibt sich beim fahrbaren Hebezeug (fahrbare Winde mit Hubwerk) eine senkrechte Fläche (im Grundriß eine Linie). Die

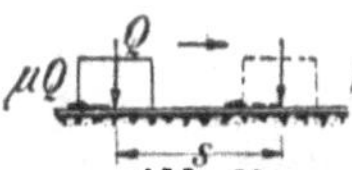

Abb. 91

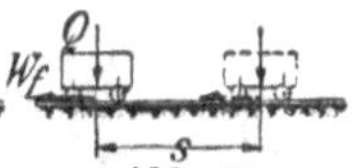

Abb. 92

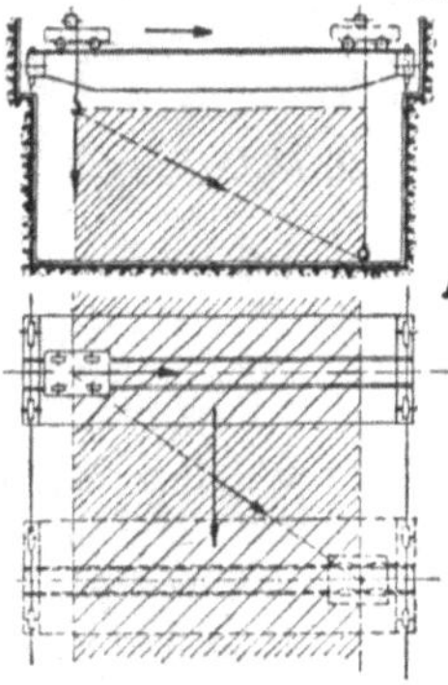
Abb. 93

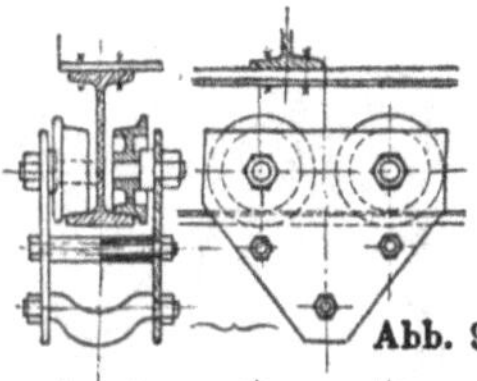
Abb. 94

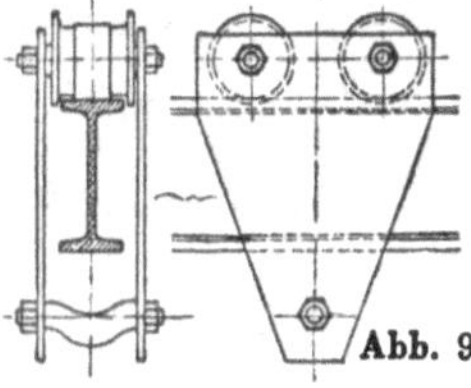
Abb. 95

stärkste Erweiterung des Arbeitsbereichs gewinnt man durch den Kunstgriff, ein fahrbares Hebezeug auf einem zweiten Fahrzeug querlaufen zu lassen (Laufkran, Abb. 93). Die bestrichene Fläche wird dabei zum Raum, die Linie im Grundriß zur Fläche.

A. Laufkatzen

1. Einschienenwinden

Aus den einfachen marktgängigen Rollengehängen, in welche Hand- oder elektrische Flaschenzüge fest oder lose eingehängt werden, und die auf dem Untergurt oder

Obergurt von Doppel-T-Eisen laufen (Abb. 94 u. 95), entwickeln sich stufenweise die Einschienenwinden durch Ausbildung von Fahrantrieben für größere Lasten, von Drehgestellen für das Kurvenfahren, durch Einbau von Hubwinden aller Art und durch besondere Steuerungsvorrichtungen.

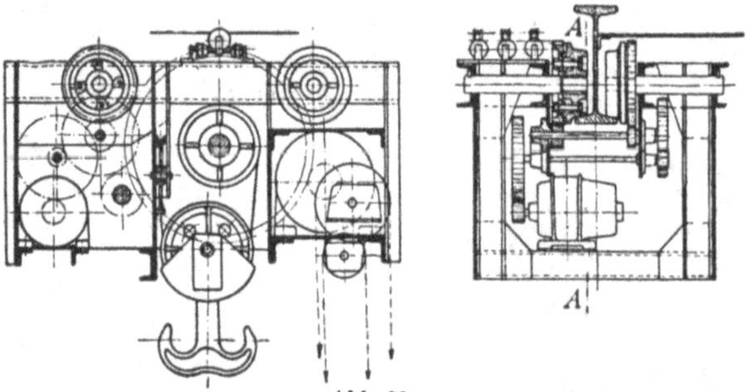

Abb. 96

Die Laufrollen von Untergurtkatzen (Abb. 94, 96, 97) sitzen lose auf den festen Achsen, die auf Biegung beansprucht und daher im Rahmen gut einzuspannen sind. Erfordert die Größe des Fahrwiderstands oder der Arbeitszweck einen Fahrantrieb mit Haspelrad oder Elektromotor, so läßt man die Vorgelege auf Zahnräder arbeiten, die mit zwei am Träger gegenüberliegenden Laufrollen verschraubt oder verkeilt sind. Kurven können gefahren werden mit ganz kleinem Radstand oder bei schwereren Katzen, die bis 10 t Tragkraft

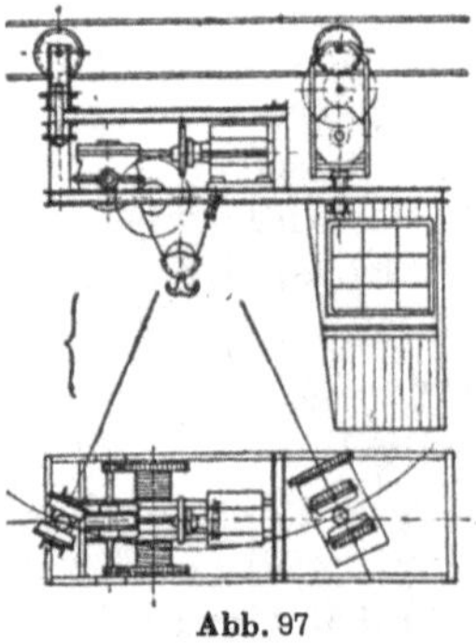

Abb. 97

üblich sind, mit Ausbildung beider Laufradpaare als Drehgestelle (Abb. 97) mit senkrechten Zapfen, an denen der Hubwerksrahmen aufgehängt ist. Die Fahrbahnträger werden an einem Ausleger oder torartigen Gerüst alle 3 bis 6 m mit Schrauben von oben her aufgehängt.

Träger für Obergurtkatzen müssen seitlich abgestützt werden. Für schwere Katzen (Abb. 98) setzt man eine Schiene auf das Doppel-*T*-Profil; für leichte Katzen zieht man die Hängebahnschiene mit Doppelrundkopf (Abb. 99, 100) vor. Das Rahmengestell zwischen Lauf-

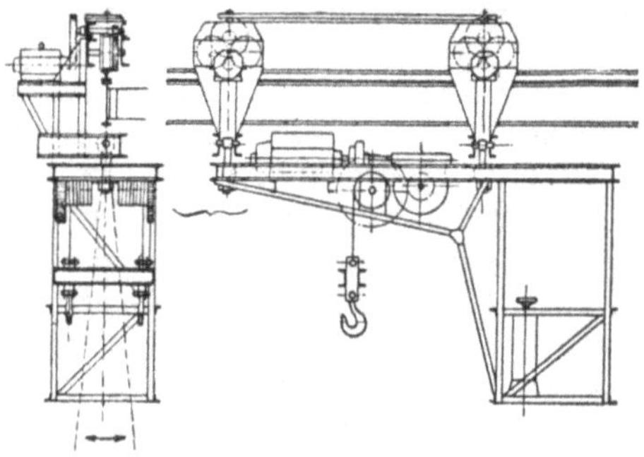

Abb. 98

Abb. 99

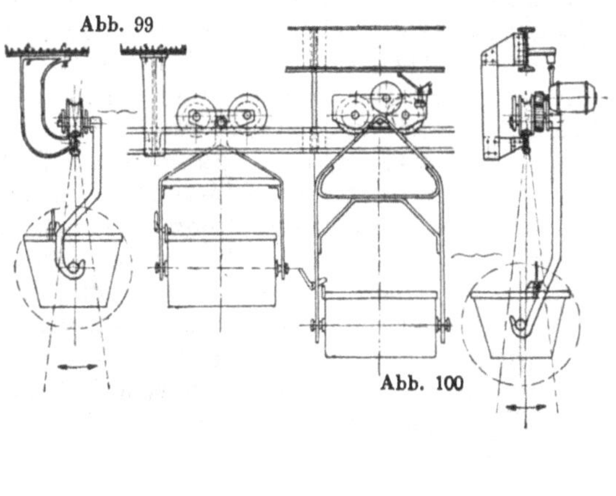

Abb. 100

werk und Lastgehänge muß den Träger nach der andern Seite umgreifen. Der Schwerpunkt des ganzen Fahrsystems liegt senkrecht unter der Schiene und kehrt auch bei Seitenschwankungen infolge Schrägzug oder Fliehkraft in der Kurve stets dahin zurück (Rundkopfschiene!).

Obergurtkatzen ohne Antrieb und Hubwerk heißen Handhängebahnen (Abb. 99). Dieselben Fahrgestelle laufen bei den Drahtseilbahnen auf einem Seil statt der Schiene und werden von einem umlaufenden Zugseil bewegt. Elektrohängebahnen werden mit (Abb. 98) oder ohne Hubwerk ausgeführt (Abb. 100).

Ein Hauptanwendungsgebiet der Einschienenwinden ist die Verbindung von Werkstätten und Hofräumen miteinander. In Betrieben mit geringem Hebezeugbedarf bringen sie ihr Hubwerk nach Wahl an verschiedenen Stellen zur Geltung und sparen dadurch Hebezeuge. In Betrieben mit vielen Hebezeugen bringen sie Lasten aus dem Bereich des einen in das des anderen und ersparen so das Umladen auf Rollwagen. Ein Nachteil ist dabei, daß Lasten von einem obenlaufenden Kran nur durch Schrägziehen des Hakens senkrecht unter der Hängebahnschiene abgesetzt oder aufgenommen werden können (Abb. 101). Man baut Pendelstrecken oder geschlossene Ringbahnen, auf welchen dann mehrere Katzen verkehren können.

Elektrischen Katzen wird der Strom durch Schleifleitungen zugeführt, wobei die Schiene als Rückleitung dienen kann. Die Anlasser der Motoren werden durch Zugschnüre vom Flur aus bedient, wenn Geschwindigkeit und Bodenbeschaffenheit das Mitgehen des Führers gestatten. Fernsteuerung setzt voraus, daß von dem Aufstellungsort des Anlassers aus die ganze Fahrstrecke übersehen werden kann und erfordert zudem viele Schleifleitungen. Man gibt dem Führer Sitz oder

Stand auf der Katze selbst, wenn diese längere Zeiten geschlossen zu arbeiten hat oder der Führersitz leicht zu besteigen ist. Elektrohängebahnen mit regelmäßigem Arbeitsplan, also bei Massentransport, können ganz oder halbautomatisch gesteuert werden, indem Ein- und Ausschalten der Motoren durch geeignete Anschläge an gewissen versetzbaren Punkten der Bahnlinie selbsttätig vorgenommen wird. Andere Anschläge besorgen die Entleerung der Fördergefäße. Durch elektrische Blocksicherung wird das Zusammenstoßen mehrerer Wagen verhindert. Drehscheiben und Weichen sind ausführbar, aber nicht billig und daher nicht ohne Not angewendet (Abb. 102).

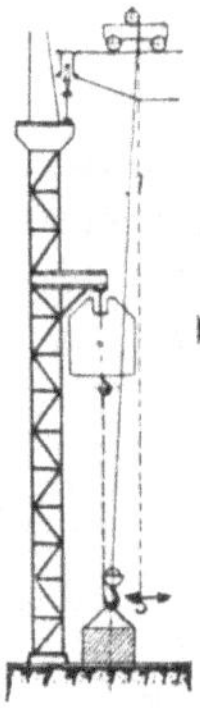
Abb. 101

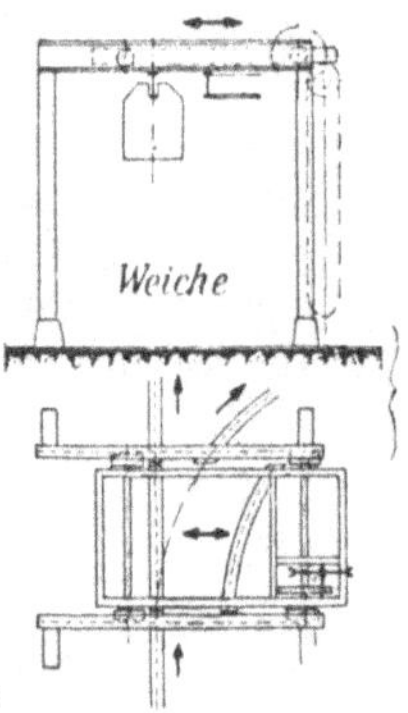

Abb. 102

2. Zweischienenwinden

Hubwerke, auf einen Katzenrahmen mit 4 Laufrädern gesetzt und auf zwei parallelen Fahrbahnen laufend, sind den Einschienenwinden gegenüber zunächst dadurch im Nachteil, daß sie nicht durch kleine Kurven fahren können und wegen des freien Lastdurchgangs zwei getrennt abgestützte Fahrbahnen nötig haben. Sie kommen daher als selbständige Maschinen seltener vor. Dafür sind sie als querfahrende Laufkatzen ein Hauptbestandteil der meisten Krane und damit die weitaus gebräuchlichste Windenform für alle Lastgrößen von 1 bis 400 t.

Häufig wird neben dem Haupthubwerk noch ein rasch arbeitendes Hilfshubwerk für kleinere Lasten auf derselben Katze untergebracht.

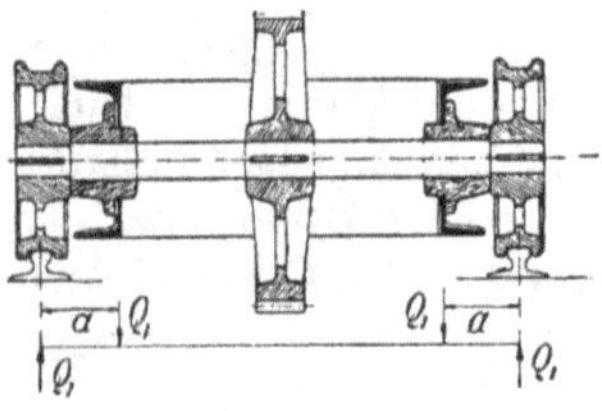

Abb. 103

Bei selbstfahrenden Katzen werden die Laufräder entweder auf Wellen aufgekeilt (Abb. 103), von denen eine durch Vorgelege angetrieben wird (die Laufräder können innerhalb oder fliegend außerhalb der Wellenlager angeordnet sein) oder die Laufräder laufen lose auf 4 getrennten festen Achsen (Abb. 104). Das Vorgelege arbeitet in diesem Fall auf zwei Zahnräder, die mit je einem Laufrad auf jeder Schienenseite ver-

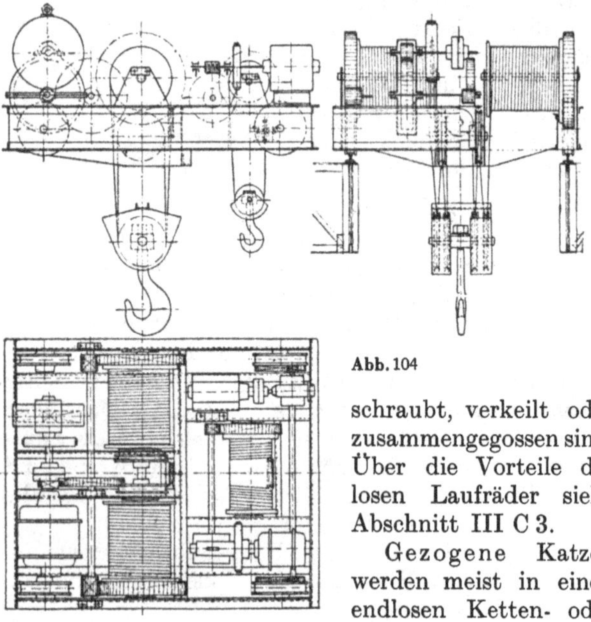

Abb. 104

schraubt, verkeilt oder zusammengegossen sind. Über die Vorteile der losen Laufräder siehe Abschnitt III C 3.

Gezogene Katzen werden meist in einen endlosen Ketten- oder

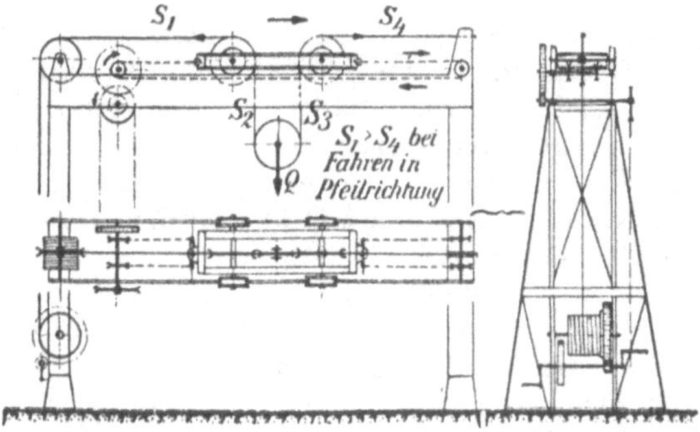

Abb. 105

Seillauf eingeschaltet; die Kette wird durch ein Daumenrad bewegt (Abb. 105), das Seil durch eine mehrfach umschlungene einfache Seilreibungstrommel, die das eine Seilende auf-, das andere abwickelt. Bei Dreh-Bock- und Kabelkranen wird die gezogene Laufkatze oft dadurch besonders leicht gemacht, daß in der Katze nur Umlenkrollen für die Hubseile liegen, während Hubwinde und Seilende bzw. Ausgleichrolle fest im Krangestell liegen. Bei der Fahrbewegung kommen die Umlenkrollen zum Laufen, ohne daß die Last gehoben wird. Die dabei auftretenden Bewegungswiderstände, welche sich in der Differenz der Seilspannungen im ablaufenden und auflaufenden Hubseiltrum ausdrücken, treten zum Fahrwiderstand der Laufräder hinzu, was einen nicht unerheblich erhöhten Kraftbedarf beim Fahren ergibt im Vergleich mit Katzen, die das Hubwerk selbst tragen. (In Abb. 105 ist $S_1 - S_4 = \frac{\varkappa^2 Q}{\varkappa + 1} - \frac{Q}{\varkappa(\varkappa+1)} = 0{,}058\,Q$) vgl. Seite 104.

Das Gestell der Katze wird aus U-Eisen, bei schweren Katzen aus Blechträgern (Stehblechen mit angenieteten Gurtwinkeln) gebildet (vgl. Abb. 104 und

114) und mit soviel Quer- und Längsträgern, „Unterzügen“, versehen, als zur Lagerung der Getriebeteile notwendig ist. Die von letzteren auf den Rahmen abgesetzten Lager- und Achsdrücke geben die Grundlage für die Berechnung der notwendigen Profile auf Biegung, die Stab für Stab durchgeführt wird, wobei jeweils die errechneten Auflagerwiderstände des einen Stabs als Belastungen des anderen Stabs (Anschlußkräfte) erscheinen. Wird diese Rechnung von den Hauptlasten ausgehend bis zu den Radachsen durchgeführt, so müssen sich zur Probe dieselben Raddrücke ergeben, die man als Auflagerkräfte des ganzen Systems unter Wirkung von Nutzlast und Eigengewicht erhält. — Die zulässige Biegungsbeanspruchung $\sigma_{b\,zul}$ wird mit nur 750 bis 800 kg/qcm eingesetzt, wenn starke Formänderungen der Träger den Eingriff der Getriebe und die Lagerung der Wellen ungünstig beeinflussen würden.

U-Eisen sind nur wertvoll, wenn sie hochkant belastet werden (Abb. 106). Gegen Querbelastung (Abb. 107) und Verdrehung (Abb. 108) ist ihre Festigkeit sehr gering. Bleche können in ihrer Ebene sehr große (Abb. 109), quer dazu fast gar keine Kräfte aufnehmen (Abb. 110). T- und Doppel-T-Eisen werden bei Katzrahmen fast nie verwendet, da sie sich schlecht anschließen.

Werden die Rahmen genietet, so werden Träger und Unterzüge grundsätzlich durch Eckwinkel miteinander verbunden, von denen jeder Schenkel mindestens so viele Nieten erhält, als der berechneten Anschlußkraft an dieser Stelle entspricht (Abb. 111). Doppelte Eckwinkel für größere Kräfte ergeben für den einen Stab doppelt so viele, für den andern Stab zweischnittige Nieten (Abb. 112). Die Verbindung zweier quer übereinandergestellter Profile durch ein Niet ist ungenügend; sie ist falsch, wenn der Niet auf Zug beansprucht wird.

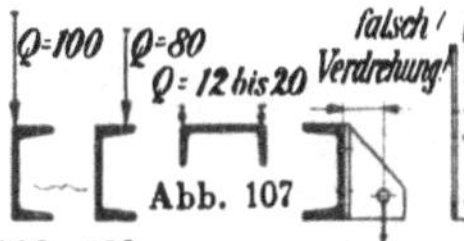

Abb. 106 Abb. 107 Abb. 108

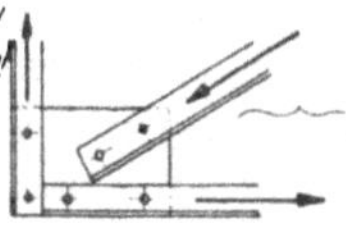

Abb. 109

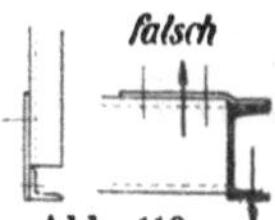

Abb. 110

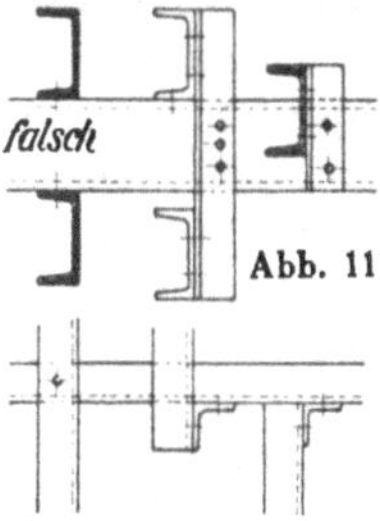

Abb. 111

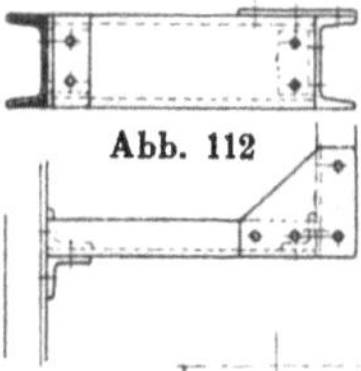

Abb. 112

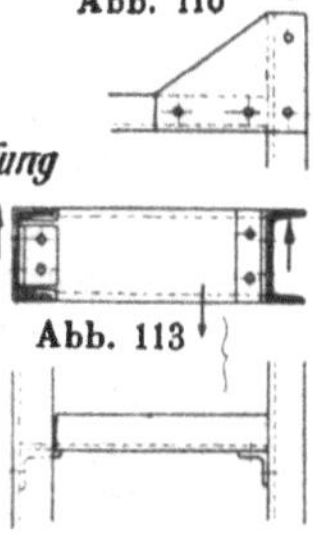

Abb. 113

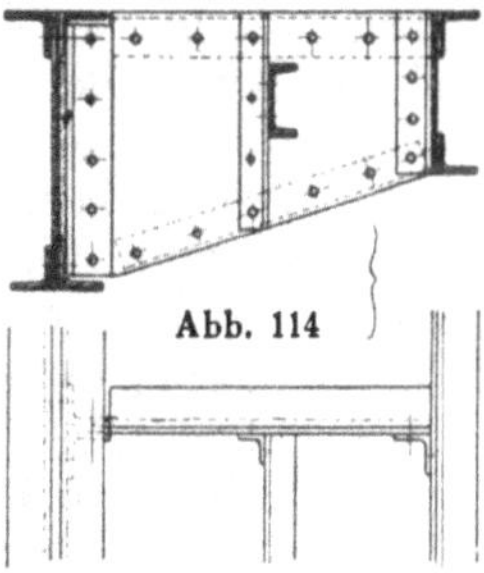

Abb. 114

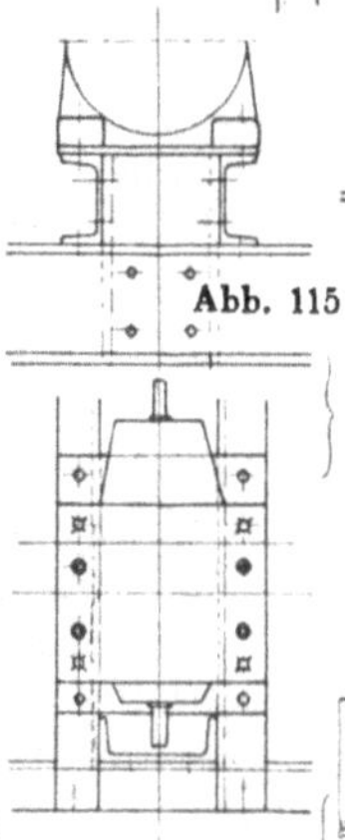

Abb. 115

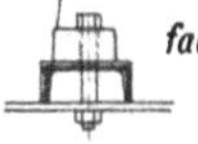

Abb. 116

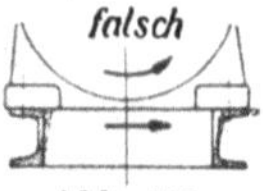

Abb. 117

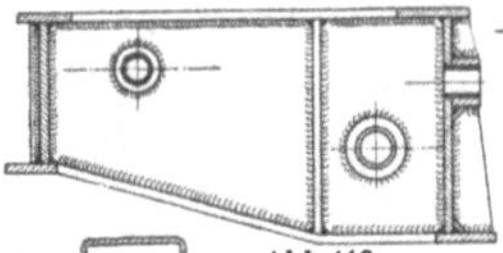

Abb. 118

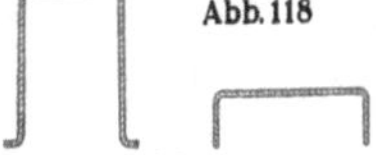

Abb. 120

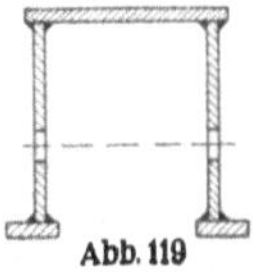

Abb. 119

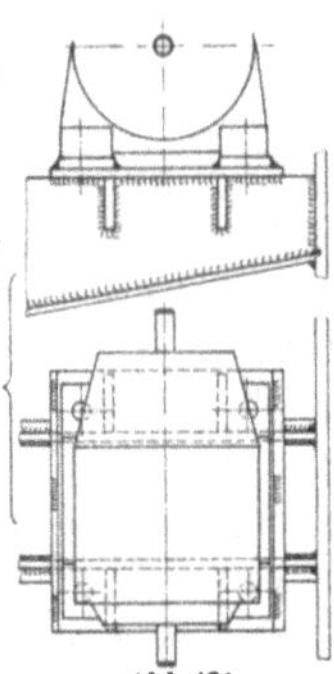

Abb. 121

Auch Träger in verschiedener Höhenlage werden durch Eckwinkel angeschlossen (Abb. 111).

Eckwinkel allein können parallelogrammartige Verschiebung des Rahmens in seiner Ebene nicht verhüten. Sind Diagonalen wegen der Seile u. a. nicht möglich, so werden die Ecken durch Bleche versteift, welche jedoch Übertragung senkrechter Kräfte niemals übernehmen können (Abb. 112). Innenanschluß Abb. 113.

Besondere Sorgfalt ist der soliden Lagerung der Motoren zu widmen (Abb. 115). Ist diese nicht steif genug, so bringen die Erzitterungen beim Lauf des Motors die Schrauben und Niete auf der ganzen Katze zum Lockern (Abb. 116, 117.)

Das Katzgerüst wird zunächst zusammengenietet; dann erst werden die Bohrungen für die Getriebeteile angezeichnet und gebohrt, für durchgehende Achsen möglichst auf einer Horizontalbohrmaschine. Bei der Anordnung der mechanischen Teile ist auf gute Zugänglichkeit, bequemes Aus- und Einbauen zu achten. Bei sehr gedrängten Raumverhältnissen muß dieser Gesichtspunkt allerdings oftmals zurückgestellt werden.

Neuerdings werden die Katzenrahmen meist geschweißt. Vielfach, besonders bei leichteren Katzen, werden die U-Profile wie bei genieteten Rahmen beibehalten und nur Eckwinkel und Niete durch Schweißnähte ersetzt, welche so zu bemessen sind, daß sie die Anschlußkräfte zwischen den Profilen aufnehmen können. Das Gewicht des Rahmens wird freilich dadurch kaum verringert, während man vor allem bei schwereren Katzen den Werkstoff besser ausnutzen kann, wenn man Normalprofile ganz oder teilweise vermeidet und Körper gleichen Widerstands aus Blechen zusammenschweißt (Abb. 118) oder Kastenquerschnitte bildet, die zugleich zur Aufnahme von Rädergetrieben oder Laufrädern dienen (Abb. 10 u. 119). Versteifungsrippen für höhere Träger außen oder innen. Durch Abkanten von Blechen kann man Schweißnähte ersparen (Abb. 120). Geschweißter Motoruntersatz siehe Abb. 121.

B. Fahrbare Krane

1. Bockkrane

Der ortsfeste Bockkran (Abb. 105) ist ein Stützgerüst für eine hochgelegene Katzfahrbahn. Der Lasthaken bestreicht im Grundriß eine Linie, so daß z. B. mit Bahnhofskranen zwischen Eisenbahnwagen und Straßenfahrzeug umgeladen werden kann. Müßten im Falle großer Umschlagsmengen die Wagen fortwährend verschoben werden, um unter den Haken zu kommen, so ist es vorteilhafter, den Kran selbst auf Schienen fahrbar zu machen, also das Arbeitsbereich im Grundriß zur Fläche zu erweitern (Abb. 122).

Bei großen Spannweiten mit etwa 40 bis 100 m spricht man von festen oder fahrbaren Verladebrücken (Abb. 123). Diese spielen in Hafenplätzen eine große Rolle für die Lagerung der Kohle und ihren wahlweisen Umschlag zwischen Schiff, Eisenbahn und Lagerplatz; auch auf Lagerplätzen für Holz, Erz, Walzeisen sind sie zu finden. Die Brückenträger werden in weitmaschiger und daher leichter Eisenkonstruktion ausgeführt und werden der statischen Bestimmtheit halber nur mit einer Stütze starr, mit der andern gelenkig verbunden (Pendelstütze). Oft haben die Brücken freitragende Ausladungen über das Wasser oder über Straßen. Trägt die Brücke eine einfache Laufkatze, so muß die Stütze auf der Auslegerseite torartig ausgebildet werden (Abb. 122). Sollen Schiffe mit hohen Aufbauten unter der Brücke anlegen können, so werden die Ausleger zum Aufklappen eingerichtet.

An die Stelle der Laufkatzen, die immer hohe Fahrgeschwindigkeiten haben, treten oft fahrbare Drehkrane, deren Haken eine Fläche von der Breite der

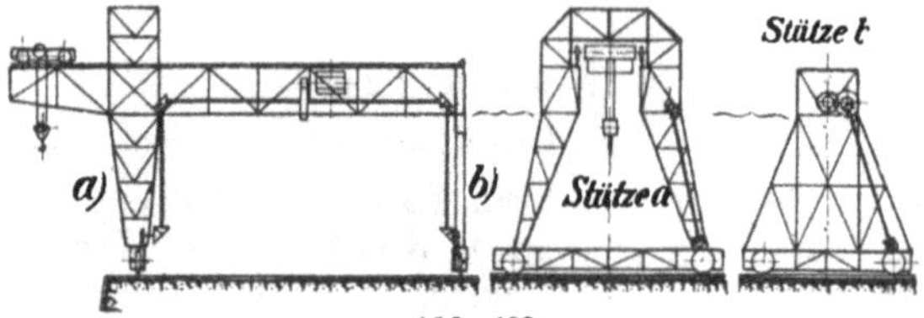

Abb. 122

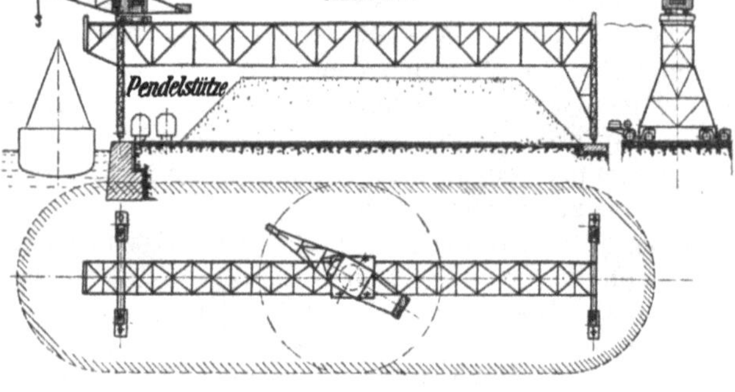

Abb. 123

doppelten Drehkranausladung bedienen kann, ohne daß die mehrere 100 t schwere Brücke selbst verfahren zu werden braucht (Abb. 123).

Um das Schiefstellen und Ecken der Krane zu verhüten, müssen beide Stützenlaufwerke mit genau gleichen Geschwindigkeiten angetrieben werden. Beim Bockkran arbeitet ein gemeinsamer Motor über eine waagrechte Hauptwelle und zwei aufrechte Wellenstücke in den Stützen mit Kegelrädern auf je ein Laufrad und wird so aufgestellt, daß die Wellenverdrehungen nach beiden Seiten gleichmäßig werden. Bei Verladebrücken geht man ebenso vor oder man treibt beide Kranseiten durch getrennte Elektromotoren mit möglichst konstanter Drehzahl auch bei verschiedener Belastung, also mit Gleichstrom-Nebenschlußmotoren oder mit Drehstrommotoren. Feinere Drehzahlunterschiede, die unvermeidlich sind, werden entweder durch besondere elektrische Schaltungen oder durch eine wie oben durchlaufende starre Welle ausgeglichen.

Die Krane können ebensogut für das Fahren in Kurven mit konstantem Krümmungsradius gebaut werden. Durch entsprechende Vorgelege erteilt man den beiden Stützenlaufwerken verschiedene, den Fahrbahnradien proportionale Geschwindigkeiten. Man hat auch Brücken mit einer ortsfesten Mittelstütze gebaut, um die die andere Stütze im Kreise schwenkt. Sonderbauarten ermöglichen den Übergang von gerader auf gekrümmte Bahn durch Umschalten der Vorgelege oder wahlweise Benutzung verschieden rasch laufender Laufwerke. Die größte Beweglichkeit ist bei großen Abraumförderbrücken für Braunkohlentagebau erreicht worden, indem die Brücke sich in 3 Punkten auf die beiderseitigen Unterwagen abstützt und zwar mit einer großen Kugel auf der einen Seite, mit 2 Zapfen auf der anderen Seite, wo sie außerdem durch Schlittenführung sich um mehrere Meter auf dem Unterwagen verschieben kann. Auf diese Weise kann die Brücke im Aufriß und Grundriß ziemlich schräge Lagen einnehmen und durch Krümmungen fahren, wobei sie nicht an konstante Spannweite gebunden ist. Ganz frei von Geleisen sind Förderbrücken auf 3 Raupen.

2. Kabelkrane

Die Laufkatze läuft nicht auf Schienen, sondern auf einem (verschlossenen) Drahtseil t, das zwischen zwei Türmen ausgespannt ist. In Abb. 124 ist der eine Turm fest und durch eine Zugstrebe Z gesichert, der andere stellt sich als gelenkige Druckstrebe D von selbst in die Richtung der Resultierenden zwischen Seilzug und

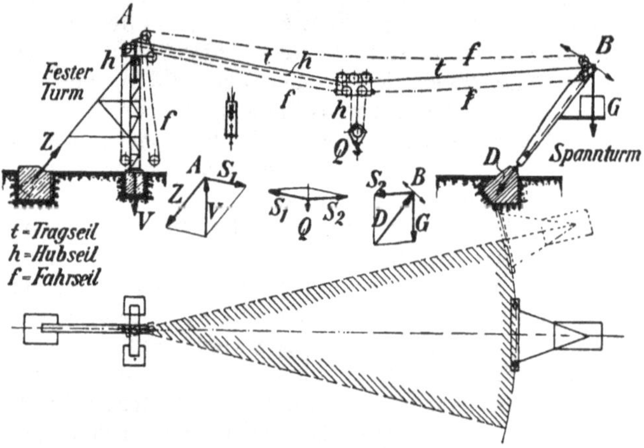

Abb. 124

Spanngewicht ein. Der linienförmige Arbeitsbereich des Lasthakens wird zur Sektorfläche, wenn der Spannturm um den festen in einer Kreisbahn schwenken kann, zur Rechteckfläche, wenn beide Türme parallel fahren können.

Die Laufkatze wird von einem besonderen Zugseil f gezogen. Die Fahrwinde und fast immer auch die Hubwinde liegen im Turm oder auf dem Boden, so daß die Katze nur Umlenkrollen enthält und leicht wird.

Kabelkrane sind leichter und billiger als weitgespannte Verladebrücken und dieser Vorzug kommt um so mehr zur Geltung, je größer die Spannweite wird. Kabelkrane sind bis zu 500 m Spannweite ausgeführt worden und eignen sich besonders für Bauzwecke (Brücken-, Talsperren-, Schleusenbau u. ä.) und auch für Lagerplätze. Für ausgesprochene Massenförderung und große Förderleistungen in der Stunde ist die Verladebrücke überlegen.

3. Laufkrane

Die allgemein zweckmäßigste und daher gebräuchlichste Kranform für Werkstätten, Maschinenhäuser, Lagerräume und Lagerplätze ist der Laufkran. Im Gegensatz zum Bockkran hat er hochliegende Fahrbahnen, die in Gebäuden auf Wandkonsolen, Mauerpfeilern oder Stützen liegen, im Freien als besondere Hochbahnen aus Eisen oder Eisenbeton ausgebildet sind.

Beim einfachen Handlaufkran (Abb. 125, 126, 127) wird der Doppel-T-Träger *T* einer Einschienenkatze oder die beiden Träger *T* einer Zweischienenkatze an beiden Stirnseiten mit einem Fahrgestell aus U-Eisen, den „Kopfträgern" *K* verbunden, welche die 4 Laufräder

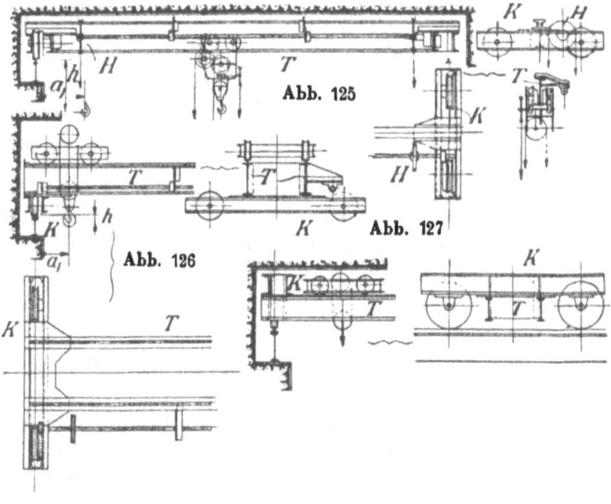

Abb. 125

Abb. 126

Abb. 127

enthalten. Der Antrieb durch ein Haspelrad H wird durch eine lange, alle 2 bis 3 m durch ein Lager unterstützte Welle auf beide Kranseiten und dort durch Zahnradvorgelege auf je ein Laufrad übertragen. Es ist wichtig, die Anfahrmasse a_1 und a_2 klein zu halten, da von ihnen die Breite der bestrichenen Grundrißfläche abhängt. Häufig kommt es auch auf die höchst erreichbare Hakenstellung h an. Sie wird gemessen von Oberkante Kranschiene aus.

Bei weniger häufiger Benutzung ist der billige Handlaufkran auch heute noch durchaus am Platze. Unter welchen Umständen und von welcher Beanspruchung ab es sich lohnt, einen oder den andern der drei Antriebe: Hubwerk, Katz- und Kranfahrwerk, oder alle drei elektrisch zu gestalten, ist eine Frage der Wirtschaftlichkeit und des Betriebs. Der normale Werkstattlaufkran hat 3 Motoren.

Kranträger aus Doppel-T-Eisen, die sich für langsamfahrende Krane kleinerer Tragkraft bis etwa 10 t und Spannweite bis etwa 8 m eignen, werden überschlägig auf Biegung berechnet mit dem Größtmoment $\frac{Ql}{4} + \frac{Kl}{8}$, wobei Q die Nutzlast+Katzgewicht, K das Eigengewicht der Träger und l die Spannweite bedeuten. (Der genaue Wert für wandernde Last ist etwas kleiner.) Die zulässige Spannung wird überschlägig mit $\sigma_{b zul}$ = etwa 800 kg/qcm angenommen. Die Durchbiegung sollte möglichst $^1/_{800}$ der Spannweite nicht überschreiten, keinesfalls aber $^1/_{500}$.

Für eingehende und den Behörden vorzulegende Berechnungen der Träger sind maßgebend die Verfahren nach DIN 120 (Grundsätze für die Berechnung und bauliche Durchbildung der Stahlkonstruktionen von Kranen). Hier wird wie im Bauwesen einheitlich

$\sigma_{zul} = 1400$ kg/qcm eingesetzt und die gegenüber ruhender Last auftretenden ungünstigen Einflüsse bewegter Lasten (schwellende Belastung, Stöße) werden mit scheinbarer Erhöhung der Lasten durch Ausgleichfaktor ψ (zwischen 1,2 u. 1,9) und Stoßzahl φ (1,1 bis 1,2) berücksichtigt, während sonst im Maschinenbau in solchen Fällen die zulässigen Spannungen entsprechend erniedrigt werden.

Für größere Lasten und Spannweiten kann der aus Stehblechen mit beiderseits angenieteten Gurtwinkeln gebildete Blechträger (Abb. 128) sich durch parabolische Gestaltung dem nach den Auflagern zu abnehmenden Biegungsmoment besser anpassen als das

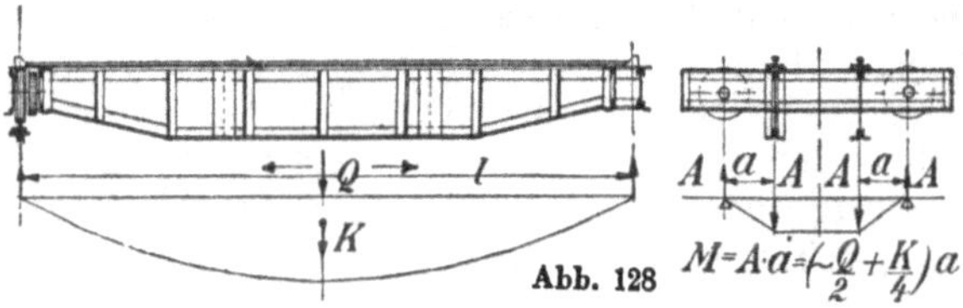

Abb. 128

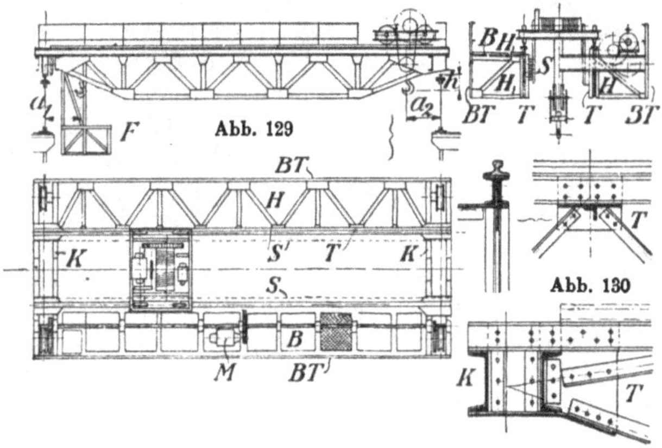

Abb. 129

Abb. 130

gleichbleibende Walzprofil. Das seitliche Ausknicken der hohen Stehbleche (in Balkenmitte etwa $h = \frac{1}{12} \cdot l$) wird durch Versteifungswinkel verhütet. Wegen Verdunklung der Werkstatt wird heute in Deutschland der durchbrochene Fachwerkträger allgemein vorgezogen. In England und Amerika sind niedere Blechkastenträger üblich.

Die an sich günstige Parabelform der Fachwerksträger wird aus Herstellungsgründen (viele gleiche Stablängen und Knotenpunkte) durch ein umschriebenes Trapez ersetzt (Abb. 129, 130). Ein Cremonaplan für die in den Knotenpunkten angebrachten Eigengewichte und Einflußlinien für die wandernde Last (Nutzlast + Katzgewicht) ergeben zusammen die in jedem Fachwerkstab auftretenden größten Spannungen und daraus die mindestens notwendigen Profile. Für die Obergurtstäbe kommt Biegung durch das Katzlaufrad auf eine Feldlänge hinzu.

Das rasche Anfahren und Abbremsen elektrischer Laufkrane erweckt Massenträgheitskräfte in der Fahrtrichtung, welche besonders bei Vollast und Mittelstellung der Katze die nur für die Aufnahme senkrechter Kräfte gebauten und geeigneten Kranträger in unzulässiger Stärke quer beanspruchen würden und daher durch besondere Horizontalträger H (Quer- oder Windverband), die sich an den Ober- und Untergurt der Hauptträger T anschließen, aufzunehmen sind. Verbindet man die freien Gurte der Horizontalträger durch leichte, in Form und Feldteilung den Hauptträgern nachgebildete Seiten- oder Bühnenträger BT, so erhält man beiderseits der Katzfahrbahn allseitig steife Kasten und außerdem zwei für das Begehen des Krans und das Nachsehen der Katze sehr bequeme

Bühnen, die mit gelochtem Blech abgedeckt werden. Auch das Kranfahrwerk mit Motor in Kranmitte, Vorgelege und Transmissionswelle kann leicht zugänglich auf der Bühne untergebracht werden.

Die Steuerung der Krane vom Flur aus mit Zugschnüren an den Steuerwalzen ist nur bei kleineren Fahrgeschwindigkeiten, denen der Bedienungsmann folgen kann, also etwa 30 bis 40 m/min möglich. Meist werden die Steuerapparate in einem unter der Bühne angebrachten Führerkorb F bedient. Für die Lage des Führerkorbs muß vor allem die freie Übersicht des Arbeitsfelds maßgebend sein. Bei großen Spannweiten läßt man manchmal den Führerkorb selbständig oder mit der Katze querfahren.

Der Netzstrom wird dem Kran durch Schleifleitungen längs der Kranfahrbahn zugeführt (bei Gleichstrom 2, bei Drehstrom 3 Leitungen). Weitere Schleifleitungen S (für jeden Motor 4 bzw. 6) sind längs der Katzfahrbahn gespannt, während der Kranfahrmotor M seinen Strom durch Kabel vom Führerkorb aus bezieht.

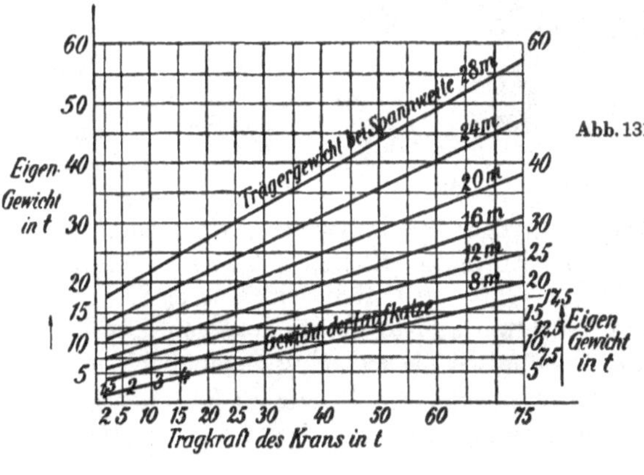

Abb. 131

DIN 698 für Abmessungen von Laufkranen ist nicht mehr gültig. Typisiert sind nur Tragkräfte, Arbeitsgeschwindigkeiten und Hubhöhen (DIN 15021/2). Mittlere Gewichte von Katzen und Kranen sind zur allgemeinen Orientierung in Schaubild Abb. 131 eingezeichnet. Sie werden je nach Bauart über- oder unterschritten.

Abweichungen von dieser Bauart der üblichen Laufkrane ergeben sich vielfach durch die wünschenswerte Anpassung an ganz bestimmte Gebäudeformen, Lasten und Arbeitszwecke. Sie äußern sich in veränderter Kranbrückenform, in besonderer Ausbildung der Laufkatze und der Lastaufnahmemittel.

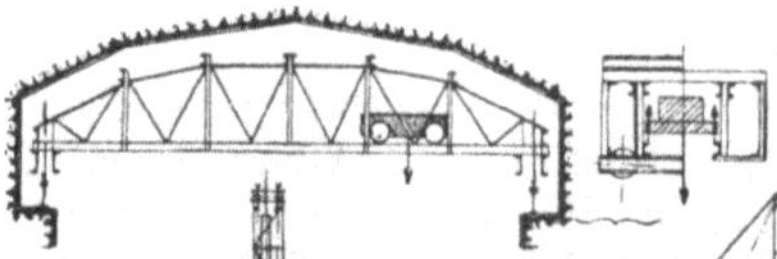

Abb. 132

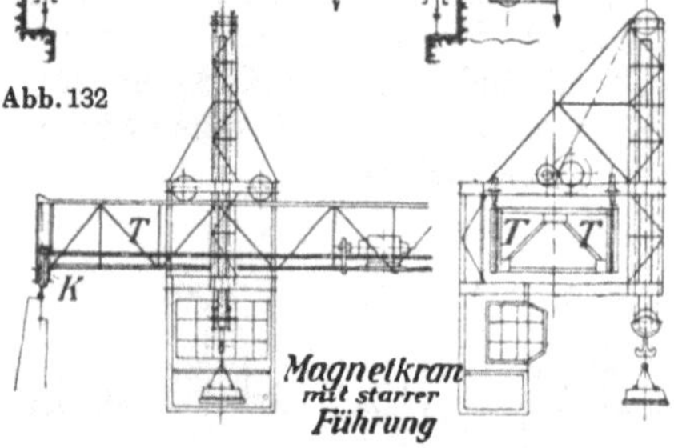

Abb. 133

Andere Kranbrückenformen werden z. B. gewählt, um den nach oben gewölbten Raum unter den Dachbindern voll auszunutzen (Abb. 132) und um zugleich eine ästhetisch befriedigende Übereinstimmung der Linienführung herbeizuführen. Die Kranträger bilden hierbei einen steifen Kasten mit einem nach unten geöffneten U-Querschnitt. In dem so gebildeten Hohlraum läuft die Katze, deren Schienen in Höhe des Trägeruntergurts durch Konsolen gestützt werden. Ein Nachteil ist die schlechte Zugänglichkeit der Katze.

Befestigt man die Katzfahrschienen außerhalb des Untergurts und läßt die Katze den Träger von unten her umfassen, so gewinnt man für den Träger die einfachere und leichtere Form mit Rechteckquerschnitt. Der Obergurt des Trägers kann dabei parabelförmig oder trapezförmig gestaltet werden; er muß aber ebenfalls waagrecht werden (Parallelträger), wenn die Katze den Trägerquerschnitt allseitig umgreift, wie es bei Gießkranen, Magnetkranen, Pratzenkranen mit ihren breiten Lastgehängen vorkommt (Abb. 133, 134).

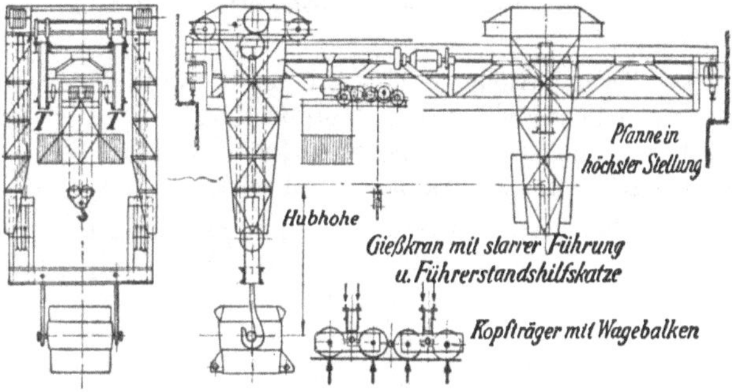

Abb. 134

Krane zum Heben von Lokomotiven und andern Eisenbahnfahrzeugen werden in ihrer einfachsten Form mit zwei breiten Laufkatzen ausgerüstet, welche das zu hebende Fahrzeug mit zwei parallel zur Kranfahrbahn aufgehängten Gehängebalken aufnehmen.

Obige Beispiele haben gezeigt, daß die Art der Lastaufnahmemittel einen weitgehenden Einfluß auf die äußere Form der Katze haben kann. Ist rasches und genaues Arbeiten nötig, besonders bei Gießpfannen, Zangen, Pratzen und Magneten, so ist das lange Auspendeln der Last, die durch die Fahrbewegungen in Schwingung geraten ist, sehr störend. In solchen Fällen erhält die Katze eine starre „Führung“, d. h. ein schachtartiges Gittergerüst, in welchem ein mit dem Lastgehänge starr verbundenes, heb- und senkbares Gestell mit entsprechenden Gleitstücken geführt und am Pendeln verhindert wird (Abb. 133, 134). Soll das geführte Lastgestell, z. B. eine Zange mit einer Führungssäule aus Profileisen, auch um eine senkrechte Achse gedreht werden können, so erfolgt die Führung in zwei der Höhenlage nach festgelegten Gleitbüchsen, welche die Drehung in zwei Halslagern des festen Führungsgerüsts mitmachen.

Das lästige Auspendeln kann auch durch Spreizen der Hubseile abgeschwächt werden, indem hierbei der Pendelweg sich rasch nach oben krümmt und die Hebung des Schwerpunkts dämpfend wirkt.

Muß das Lastorgan direkt vom Führer gesteuert werden (Zangen, Greifer), so ist die Verbindung des

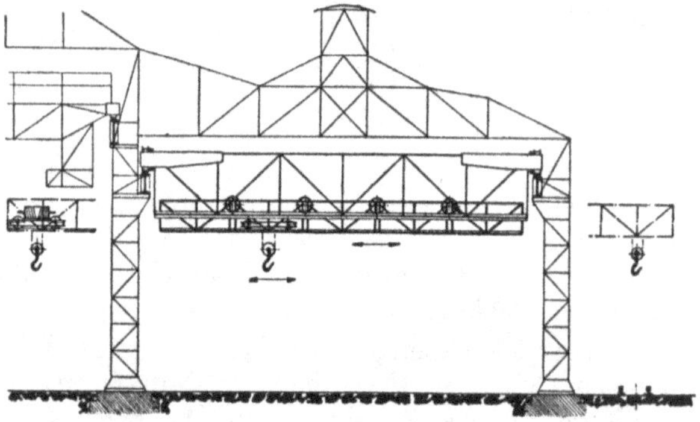

Abb. 135

Führerkorbs mit der Katze zweckmäßig. In diesem Fall muß der Netzstrom bis zur Katze mit Schleifleitungen geführt werden. Weitere Katzschleifleitungen speisen den Kranfahrmotor, während in diesem Fall die Motoren der Katze mit direktem Kabel vom Führerkorb aus versorgt werden.

Weitere Sonderbauarten entstehen durch die Aufgabe, mit dem Lasthaken eines Laufkrans unter der Kranfahrbahn durch in einen Nebenraum hineinzulangen. Die Katze wird mit einem einseitigen oder doppelseitigen, unter Kranbahnhöhe liegenden Ausleger starr verbunden (Abb. 135). In diesem läuft eine Katze

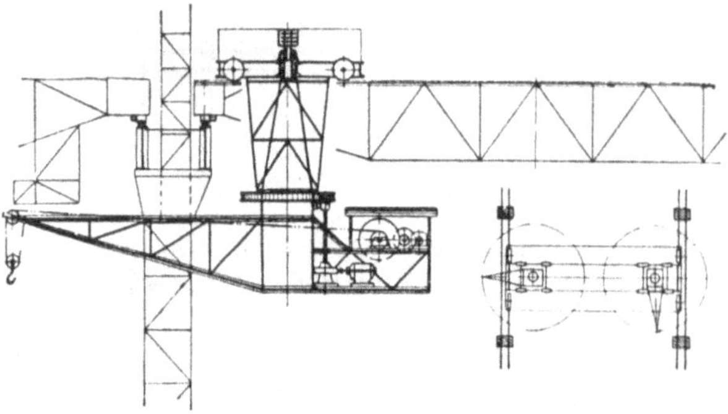

Abb. 136

zweiter Ordnung mit dem Lasthaken (Auslegerlaufkran). Eine andere Lösung ist der drehbare Ausleger (Abb. 136), der nach Art eines umgekehrten Drehkrans mit Säulen- oder Drehscheibenlagerung im Rahmen der Katze aufgehängt ist (Auslegerlaufdrehkran). Beim Längsfahren des Krans müssen die Ausleger selbstverständlich eingezogen sein, um nicht mit den Kranbahnstützen zusammenzustoßen.

4. Wandlaufkrane

In stark belegten Werkstätten und Gießereien können die Laufkrane durch Wandlaufkrane unterstützt werden, die einen Teil der Halle in freier Ausladung überspannen (Abb. 137). Die senkrechten Lasten Q = Nutzlast und G = Eigengewicht werden durch die beiden senkrechten Laufräder 1 und 2 auf die senkrechte Kranfahrbahn ab-

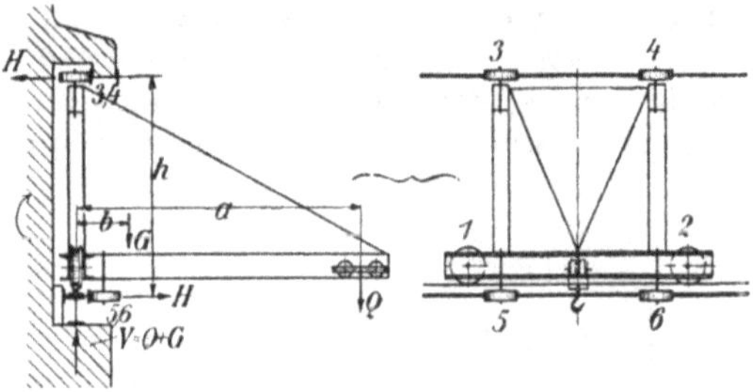

Abb. 137

gesetzt. Das Kippmoment $Qa+Gb$ muß aufgenommen werden durch ein Widerlagerkräftepaar Hh an zwei horizontalen Kranfahrbahnen, von welchen die obere den Kran umgreifen muß. Auf diesen laufen die waagrechten Laufrollen 3, 4 und 5, 6. Dasselbe Moment Hh muß in letzter Linie von der Wand ausgehalten werden. Aus diesem Grund können Wandlaufkrane nicht ohne weiteres in vorhandenen Gebäuden angebracht werden. Bei Neuanlagen kann diesem Moment von vornherein durch biegungsstarke Ausbildung von Wand oder Stützen Rechnung getragen werden. Der Fahrwiderstand eines solchen Krans ist erheblich höher als der eines gleich schweren Laufkrans, da die Räder nicht nur mit $Q+G$ sondern mit $Q+G+2H$ belastet sind.

Sein Vorbeifahren an den herabhängenden Lastseilen oberhalb laufender Laufkrane wird auch auf derselben Hallenseite möglich, wenn der Ausleger um eine senkrechte Achse schwenken kann. Eine andere Bauform

(Abb. 138) mit untenliegendem in vollem Kreis schwenkbarem Ausleger gestattet das Übergreifen des Lasthakens in eine Nachbarhalle unter den Kranbahnen hindurch. Das Kippmoment und die Horizontalkräfte H wechseln hier ihre Richtung; es müssen daher die waagrechten Laufrollen oder die Laufschienen verdoppelt werden.

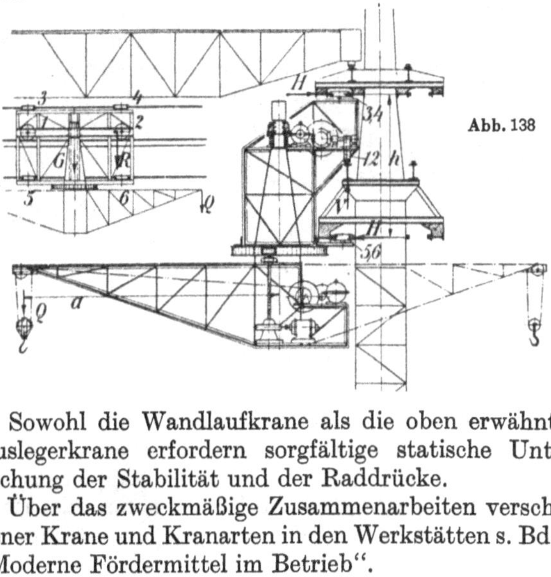

Abb. 138

Sowohl die Wandlaufkrane als die oben erwähnten Auslegerkrane erfordern sorgfältige statische Untersuchung der Stabilität und der Raddrücke.

Über das zweckmäßige Zusammenarbeiten verschiedener Krane und Kranarten in den Werkstätten s. Bd. II „Moderne Fördermittel im Betrieb".

C. Entwurf der Fahrwerke

1. Fahrwiderstand

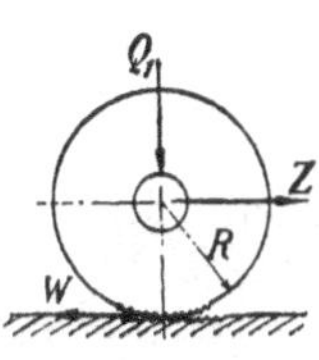

Abb. 139

Bei Fahrzeugen, die von Seil oder Kette gezogen werden, wird das einzelne mit Q_1 belastete Rad (Abb. 139) mit Halbmesser R in Achshöhe von der Zugkraft Z angegriffen. Bei absoluter glatter Unterlage würde es über die Schiene gleiten. Tatsächlich findet Haftreibung statt (man kann sich verschwindend kleine Zähnchen vorstellen), so daß eine Widerlagerkraft $W = Z$ am Radumfang sich der Zugkraft entgegensetzt und das Gleiten des Rads auf der Schiene verhindert, solange $W < \mu Q_1$ bleibt (Grenze der Haftreibung, Beginn des Gleitens).

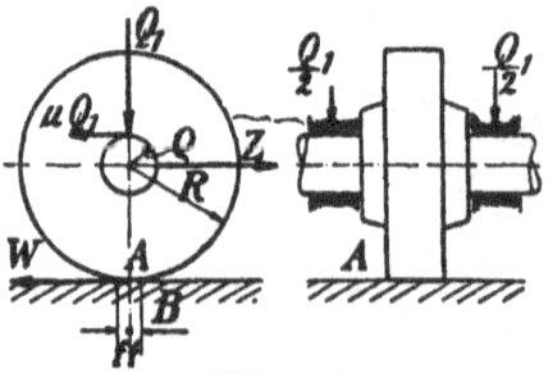

Abb. 140

Der Radzylinder (Abb. 140) ruht theoretisch in A mit einer Mantellinie auf, die keine Flächenausdehnung hat. Der entstehenden Flächenpressung $Q_1/0 = \infty$ ist kein Stoff gewachsen; es wird daher durch Formänderung des Rads oder der Unterlage oder beider eine kleine Fläche mit der Ausdehnung f nach beiden Seiten von A entstehen. f wird bei eisernem Rad auf eiserner Schiene mit 0,05 bis 0,08 cm gerechnet und als Hebelarm der rollenden Reibung bezeichnet.

Da W den Radumfang festhält, wird unter Wirkung von Z ein Kippen um A eintreten. Die mindestens nötige Zugkraft Z_1 ergibt sich aus der Kippbedingung $Z_1 R = Q_1 f$ zu $Z_1 = Q_1 f/R$. Beim Kippen kommt der Radmittelpunkt über B; neue Formänderung; neues Kippen; das Rad rollt.

Beim Rollen dreht sich die Radnabe um die festliegende Achse mit Halbmesser ϱ oder es dreht sich die mit dem Rad verkeilte Welle mit Halbmesser ϱ in ihren Lagern. In beiden Fällen entsteht ein Zapfenreibungsmoment $\mu Q_1 \cdot \varrho$, das nur bei Vorhandensein eines weiteren Zugkraftmomentes $Z_2 \cdot R = \mu Q_1 \varrho$ bzw. einer Zugkraft $Z_2 = \mu Q_1 \varrho / R$ überwunden wird.

Der auf den Radumfang bezogene Fahrwiderstand W_f des Rads ist gleich der nötigen Zugkraft $Z = Z_1 + Z_2 = Q_1/R + \mu Q_1 \varrho/R$, also $W_f = \frac{Q_1}{R}(f + \mu\,\varrho)$.

Bei selbstfahrenden Fahrzeugen tritt an Stelle der Zugkraft Z ein Drehmoment M_d, das durch Welle, Zahnrad oder Kurbel in das Laufrad eingeleitet wird (Abb. 141). Bei absolut glatter Unterlage würde das Rad sich im Sinn von M_d drehen, ohne zu rollen. Tatsächlich wird ein, diesmal nach vorn gerichteter, Haftwiderstand W erweckt von solcher Größe, daß $WR = M_d$.

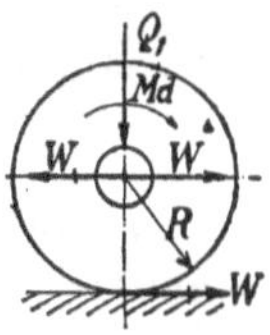

Abb. 141

Daß auch hier Vorwärtsrollen eintritt, wird einleuchtend, wenn man im Zapfenmittelpunkt zwei gleiche entgegengesetzte Kräfte W anbringt. Alle 3 Kräfte W zusammengefaßt ergeben außer dem schon berücksichtigten Moment WR, welches M_d aufhebt, die freie Zapfenkraft W, welche wie oben Z das Rad zum Rollen bringt und daher auch $= Z = Z_1 + Z_2$ sein muß. Es ist also das nötige Antriebsmoment $M_d = W \cdot R = Q_1\,(f + \mu\,\varrho)$. (Man vergleiche hiermit das Antriebsmoment einer Hubtrommel $M_d = QR$, wobei die freie Zapfenkraft Q die Trommel nach unten drückt.)

Bei Fahrzeugen mit mehreren Rädern ist der Gesamtfahrwiderstand $W_F = \Sigma W_f$ der einzelnen Räder, also $= \frac{Q_1}{R_1}(f + \mu\,\varrho_1) + \frac{Q_2}{R_2}(f + \mu\,\varrho_2) + \dots$

Abgesehen von vereinzelten Ausnahmen haben Laufräder und Zapfen von Kran- und Katzfahrwerken jeweils dieselben Durchmesser R und ϱ. In diesem Fall wird

$$R_1 = R_2 = \cdots = R \text{ und } \varrho_1 = \varrho_2 = \cdots = \varrho$$

und damit $W_f = \frac{(Q_1 + Q_2 + \cdots)\,(f + \mu\varrho)}{R} = \frac{Q\,(f + \mu\varrho)}{R}$,

wobei Q = Summe aller Raddrücke.

Der am Umfang der Laufräder angreifende Fahrwiderstand ist demgemäß um so größer, je größer die Raddrücke, je größer die Reibungsverluste und Halbmesser der Zapfen und je kleiner die Laufräder sind.

Diese drei Einflüsse sollen im folgenden einzeln untersucht werden.

2. Raddrücke

Bei Laufkatze und Kran sind die Raddrücke zu bestimmen als Auflagerwiderstände unter Wirkung von Vollast und Eigengewicht. Bei der Laufkatze wird man meist gleichförmige Raddrücke anstreben, indem man die Last möglichst zentral aufhängt. Bei Einschienenwinden muß sie ohnehin unter dem Fahrbahnträger liegen. Bei Katzen mit ausschiebbarem oder drehbarem Ausleger (s. Abb. 135 u. 136) sind die für den Raddruck ungünstigsten Stellungen aufzusuchen. Beim normalen Laufkran (Abb. 142) mit Eigengewicht K sind die Unterschiede zwischen größtem und kleinstem Raddruck um so größer, je mehr sich die Katze mit Eigengewicht G und Nutzlast Q der äußersten Stellung auf der Seite (Anfahrmaß) nähert. Die Auflagerkräfte der Katzenlast an den Schienen $A = (Q+G)\,\dfrac{b}{a+b}$ und $B = (Q+G)\,\dfrac{a}{a+b}$ verteilen sich mit den Hebelarmen c und d auf die Laufräder, so daß die Raddrücke unter Annahme gleichförmiger Verteilung des Krangewichtes K sich ergeben zu $Q_1 = A \cdot \dfrac{d}{c+d} + K/4$

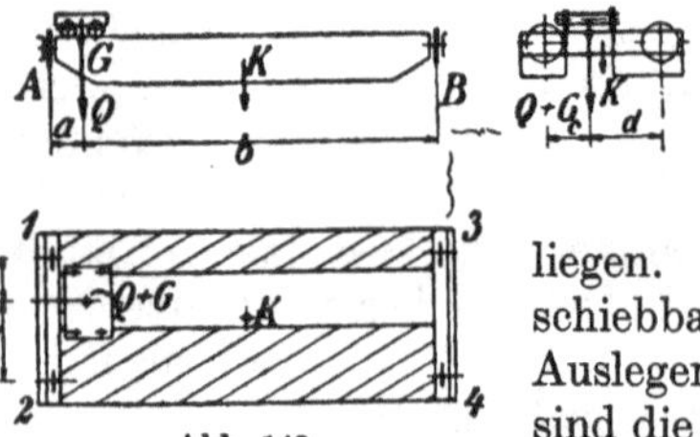

Abb. 142

$= Q_{max}$ usw. und $Q_4 = B \cdot \frac{c}{c+d} + K/4$. Zur Probe muß die Summe aller Raddrücke gleich Gesamtlast $Q + G + K$ sein. Inhaltswerte für G und K s. Abb. 131. Ergibt die Nachrechnung der Räder auf Flächenpressung (s. unten Ziff. 4) zu große Raddurchmesser (zu teuer oder zu großer Raumbedarf) oder erscheinen die größten Raddrücke für die Unterlage zu hoch, so kann die einzelne Radlast durch Waagebalken mit statischer Bestimmtheit auf zwei Räder verteilt werden (vgl. Abb. 134 u. Abb. 186). Bei schweren Kranen und mäßigem Baugrund wird eine weitere statisch bestimmte Unterteilung durch Anwendung übergeordneter Waagebalken erreicht (Abb. 143).

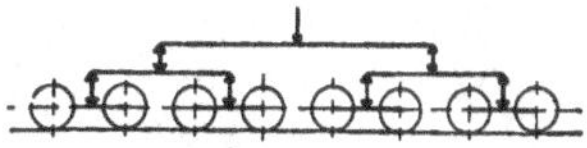

Abb. 143

3. Zapfen

Der Reibungskoeffizient μ muß durch ausreichende Fettschmierung klein gehalten werden. Durch Kugel- oder Rollenlager kann W_F, besonders auch beim Anfahren, stark verringert werden. Diese an sich teurere Lösung kann besonders vorteilhaft sein für Handantriebe. Bei kleinerer Tragkraft kann damit das Hebezeug vielleicht gerade noch unmittelbar, d. h. ohne Vorgelege gezogen werden, bei größerer Tragkraft kann damit die Übersetzung so herabgesetzt werden, daß die erreichte Fahrgeschwindigkeit den Betriebszwecken noch genügt, ohne daß man zu elektrischem Antriebe greifen muß.

Bei Gleitlagern hat der Zapfendurchmesser den größten Einfluß auf den Fahrwiderstand. Man wird daher danach streben, durch geschickte Lagerung und guten

Stahl möglichst Zapfen mit kleinen Durchmessern zu erhalten. Unter diesem Gesichtspunkt ist die Anordnung von Katzfahrwerken mit lose auf festen Zapfen

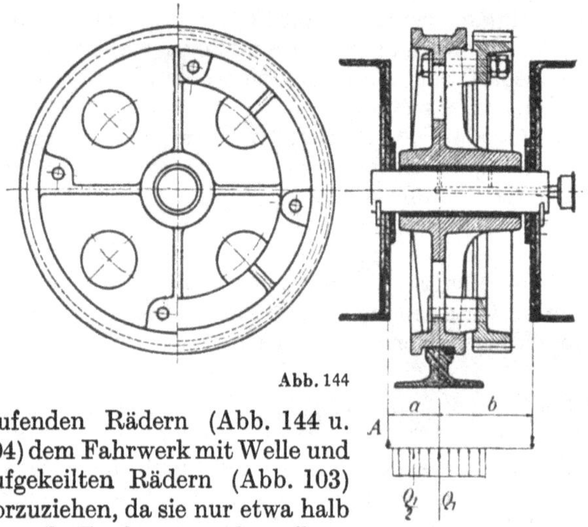

Abb. 144

laufenden Rädern (Abb. 144 u. 104) dem Fahrwerk mit Welle und aufgekeilten Rädern (Abb. 103) vorzuziehen, da sie nur etwa halb so starke Zapfen zu ergeben pflegt. Es erklärt sich dies daraus, daß die Welle das verhältnismäßig große Biegungsmoment $Q_1 a$ und außerdem bei jeder halben Umdrehung wechselnde Beanspruchung auf Zug und Druck erleidet (Fall III der Biegung, $\sigma_{b\,zul} = 400$ bis 500 kg/qcm), während bei der festen Achse Fall II der Biegung (gegen I hin), also $\sigma_{bzul} = 1000$ bis 1200 kg/qcm und ein kleineres Biegungsmoment in Frage kommt. Letzteres errechnet man zweckmäßig aus der noch etwas zu ungünstigen Annahme, daß die Nabe zwar gleichförmig, aber nur auf eine symmetrisch zum Raddruck sich erstreckende Breite trägt zu

$$M_b = A \cdot a - \frac{Q_1}{2} \cdot \frac{a}{2} = Q_1 \cdot \frac{b}{a+b} \cdot a - \frac{Q_1 \cdot a}{4}.$$

Bei Laufkranen werden die Räder stets lose auf festen Achsen gelagert. Da die Flächenpressung im Zapfen $\frac{Q_1}{d\,(a+b)}$ einen Maßstab für die Schnelligkeit der zu erwartenden Abnutzung gibt, so kann der für Rotgußbüchsen normale Wert von $p = 60$ kg/qcm bei Kranen dann auf 100 kg/qcm oder noch etwas mehr erhöht werden, wenn ein Fahren bei maximalem Raddruck, also bei Katze mit Vollast in äußerster Stellung, selten zu erwarten ist.

4. Laufräder

Man kann zwar nach obigem kleine Fahrwiderstände durch große Räder erkaufen; diese sind aber schwer und teuer (ein Laufrad 500 mm Durchmesser wiegt z. B. etwa 100 kg, ein solches von 1000 mm etwa 400 kg). Einen Anhalt dafür, mit welchem kleinsten Raddurchmesser man aus Festigkeitsgründen gerade noch auskommen kann, gibt die Nachrechnung der Flächenpressung zwischen Rad und Schiene. Sie ist um so größer, je größer der Raddruck, je kleiner die Auflagefläche. Von dieser ist nur die Breite (Schienenbreite abzüglich Abrundungen) genau zu bestimmen. Von der Ausdehnung des durch Formänderung gebildeten Berührungsbogens l in der Radebene (s. S. 96) ist nur zu sagen, daß er um so größer sein wird, je besser sich das Rad an die Schiene anschmiegt, also je größer der Raddurchmesser ist. Setzt man $l = \beta D$, wobei β heute noch ungeklärt, und zieht in der Beziehung für die Flächenpressung $k = \frac{Q_1}{b \cdot \beta \cdot D}$ die Werte βk zu einem Wert $k' = \beta k = \frac{Q_1}{b \cdot D}$ zusammen, so mißt man diesen mit den Erfahrungszahlen $k' = 30$ für Gußräder, $k' = 45$ für Hartguß und $k' = 60$ bis 70 für Stahlguß.

Flacheisenschienen (Höhe = etwa $^3/_4$ der Breite) werden mit versenkten Kopfschrauben auf die Fahrbahnträger geschraubt, Kranschienen mit ihren breiten Füßen aufgenietet oder werden beide Schienenarten aufgeschweißt. Hauptabmessungen der letzteren s. Tabelle und Abb. 145. Genaue Abmessungen aus den Profilbüchern. (DIN 536).

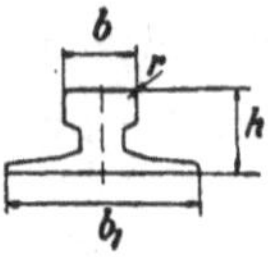

Abb. 145

Kranschienen.

Profil Nr.	b	h	b_1	r	für Raddrücke etwa bis
1	45	55	125	3	10000 kg
2	55	65	150	4	20000 „
3	65	75	175	5	30000 „
4	75	85	200	6	40000 „

Bei den Laufrädern ist der Übergang von Lauffläche zu Spurkranz mit etwas größerem Halbmesser als die Schienenabrundung auszurunden (Abb. 146), so daß das Rad bei seitlichem Anlaufen im Abrundungsbogen in die Höhe geschoben wird. Der Raddruck des angehobenen Rads sorgt dann von selbst für sofortiges Zurückgleiten auf der schiefen Ebene. Profile mit seitlichen Eindrehungen für bequeme Bearbeitung sind ihrer Wirkungsweise nach ungünstig. Lose laufende Räder werden mit den Zahnrädern in den Naben verkeilt oder mit zentrierten Zahnkränzen verschraubt (Abb. 144). Ungünstig ist das Zusammengießen von Lauf- und Zahnrad, da bei Verschleiß des einen Be-

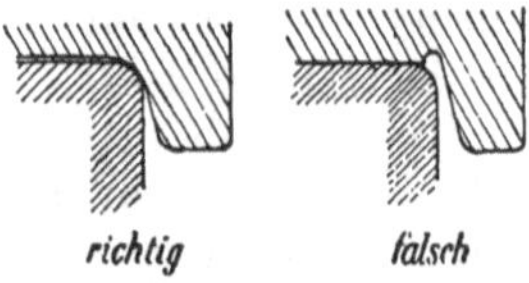

Abb. 146

standteils der ganze Körper unbrauchbar wird und da hier meist die Zähne unbearbeitet bleiben müssen. Hauptabmessungen von Laufrädern s. Dinorm 15046 bis 15052.

5. Zusätzliche Fahrwiderstände

a) Spurkranz- und Nabenstirnreibung

Selbstfahrende Katzen und Krane neigen im allgemeinen zum Ecken und müssen mittels der Rad-Spurkränze mehr oder minder gewaltsam gerade geführt werden (Abb. 147). Die mannigfaltigen Ursachen für das Schrägfahren (Ecken), z. B. ungleich hergestellte oder durch Abnutzung ungleich gewordene Raddurchmesser, ungenau montierte Achsen, ungleiche Verdrehung der langen Vorgelegewelle nach beiden Seiten hin, ungenaue Schienenlagerung, Schrägzüge oder Schwingungen an der Last, können wohl theoretisch untersucht, aber in ihrer Wirkung zahlenmäßig nicht ausgewertet werden. Man berücksichtigt diese Einflüsse praktisch durch erfahrungsmäßige Zuschläge zum Fahrwiderstand, die je nach den zu erwartenden baulichen und betrieblichen Verhältnissen bei Laufkatzen mit 20 bis 40 v.H., bei Laufkranen mit 40 bis 80 v.H. des Fahrwiderstands eingesetzt werden. Um Klemmungen zwischen ungenau verlegten Schienen zu vermeiden, gibt man bei Laufkranen den Laufrädern auf einer Fahrbahnseite weites Spiel zwischen den Spurkränzen oder zwischen Nabenstirn und Kopfträger. Der Kran wird somit nur auf einer Seite geführt.

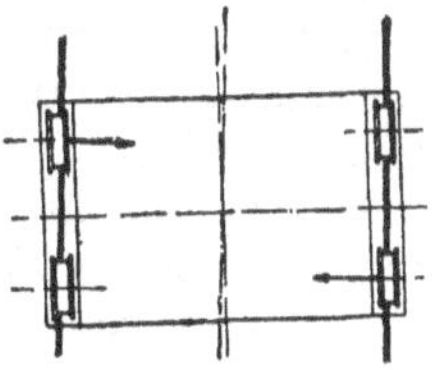
Abb. 147

b) Krümmungen der Fahrbahn bei Einschienenkatzen erfordern um so höhere Zuschläge, je kleiner der Kurvenradius, je größer der Radstand ist (etwa 20 bis

40 v.H.). Die Spurlagerreibung der senkrechten Drehgestellzapfen ist ebenfalls vom Fahrwerksantrieb zu überwinden.

c) Luftwiderstand kommt bei bewegten Hebezeugen nur als Winddruck bei Kranen, die im Freien laufen, besonders bei Verladebrücken vor. Häufig wird Fahren gegen einen Winddruck von 20 kg/qm verlangt, während die Stabilität des festgebremsten und mit Schienenzangen festgemachten Krans gegen einen Winddruck von 150 kg/qm in geschützter Lage, bis 250 kg/qm an der Küste gesichert sein muß. Der zusätzliche Fahrwiderstand ist demnach Winddruck mal Windfläche, die als Summe aller senkrecht zur Windrichtung liegender Flächen der Fachwerksstäbe (vorderer Träger voll, hintere Träger zur Hälfte gerechnet) und der Führerhäuser, Bunker u. a. gerechnet wird.

d) Steigungen

Das Befahren von Steigungen mit dem Winkel a kommt häufig vor bei gezogenen Katzen; seltener bei selbstfahrenden Hebezeugen, bei denen Steigungen von etwa 1 : 20 bis 1 : 25 die obere, für Reibungsbetrieb mögliche, Grenze darstellen. Darüber hinaus ist Betrieb mit Zahnstange erforderlich. Zum Fahrwiderstand $W_F = \frac{Q \cdot \cos a}{R} (f + \mu \varrho)$ tritt die Überwindung der in Richtung der schiefen Ebene wirkenden Seitenkraft $Q \sin a$.

e) Beschleunigungskräfte beim Anlauf (s. Abschnitt III. 6 und VII) brauchen beim Entwurf nur in Ausnahmefällen berücksichtigt zu werden.

f) Über Zusatz-Widerstände bei gezogenen Katzen mit Hubwerks-Umlenkrollen vgl. S. 77.

6. Leistung und Übersetzung bei Fahrwerken

Wird zur Bewegung des Fahrzeugs der Fahrwiderstand W_F mit der Geschwindigkeit v in seiner Richtung überwunden, so ist die nötige Antriebsleistung $W_F \cdot v$ mkg/sec, also die tatsächliche Motorstärke $N = \frac{W_F \cdot v}{102 \cdot 60 \cdot \eta}$ kW, wenn v in m/min und η als Wirkungsgrad der Vorgelege eingesetzt wird.

Da v zugleich Umfangsgeschwindigkeit am Laufrad ist, so ist die Drehzahl des Laufrads $n_l = \frac{v}{D\pi}$ (v in m/min) und die Übersetzung zwischen Motor und Laufrad $= \frac{n_m}{n_l}$ oder $= \frac{W_F \cdot R}{\eta \cdot M_d}$ (M_d Antriebsmoment).

Beschleunigungskräfte beim Anlauf hängen vom Tempo des Einschaltens ab. Sie werden normalerweise vom Motor ohne Erhöhung seiner Nennleistung durch kurzzeitige Überlastung aufgebracht. Nur wenn es sich um besonders schwere Lasten und Eigengewichte und um Fahrgeschwindigkeiten von $v > 100$ m/min handelt, tritt zum Fahrwiderstand W_F der Beschleunigungswiderstand $W_b = \frac{Q + G}{g} \cdot \frac{v/60}{t_a}$ kg, wobei t_a = Anlaufzeit, die etwa 7 bis 10 sec angenommen werden kann.

7. Entwurfvorgang

Der Entwurf eines Fahrwerks wird im allgemeinen folgenden Weg gehen: Skizze der Gesamtanordnung. Bestimmung der Raddrücke aus ungünstigster Lastenstellung. Wahl von Raddurchmessern und Schienenprofil. Nachprüfung auf Flächenpressung nach der Beziehung $k' = \frac{Q}{b \cdot D}$. Skizze der Zapfenlagerung. Zapfendurchmesser aus Festigkeitsrechnung. Ausrechnen von W_F. Eventuelle Zuschläge nach Ziff. 5.

Berechnung der Motorleistung. Wahl eines Motors aus einer Liste für Hebezeugmotoren. Bestimmung der Übersetzung und Vorgelege.

IV. Drehwerke. Allgemeines

Drehkrane haben die Aufgabe, Lasten zu heben und sie durch Schwenken um die Mittelachse des Krans an anderer Stelle der Kreisbahn abzusetzen. Wie bei den Fahrwerken wird auch beim Schwenken keine Hubarbeit verrichtet. Es sind also nur Reibungswiderstände und Trägheitskräfte der Drehmassen zu überwinden durch ein Schwenkmoment $M_s = U \cdot r$. Die Umfangskraft U kann bei leichten Kranen durch Ziehen von Hand an einem beliebigen Halbmesser des Krangerüsts, bei schwereren Kranen durch den Zahndruck an einem Rädervorgelege aufgebracht werden, das von Hand mit Kurbel oder Haspelrad oder durch einen Motor angetrieben wird. Ist v die Drehgeschwindigkeit am Halbmesser r, so ist die Antriebsleistung $U \cdot v = U \cdot r \cdot \omega = M_s \cdot \omega$ mkg/sec. (ω = Winkelgeschwindigkeit). Der Auslauf kann durch Bremsen verkürzt werden.

In einzelnen Fällen muß ein Lastorgan (z. B. Zange oder Pratzengehänge) um seine eigene senkrechte Achse gedreht werden. Meist aber kommt die „Ausladung“ als konstruktiver Grundgedanke hinzu. Der Lasthaken soll durch einen Ausleger über solche Punkte der Erdoberfläche gebracht werden, über denen die Aufstellung eines Hubwerks unmöglich oder unbequem wäre, z. B. über Wasser, Straßen, im freien Gelände, in Werkstätten, wo ein Laufkran nicht vorhanden ist, oder ein vom Laufkran unabhängiges Hebezeug gewünscht wird.

Die Ausladung hat ein Kippmoment zur Folge. Durch die Art, wie dieses von einem Widerlagerkräftepaar aufgenommen wird, unterscheiden sich die „Halslagerkrane“ mit waagrechten Auflagerkräften in zwei senkrecht übereinander in der Mittelachse liegenden Halslagern, von den „Drehscheibenkranen“, wo nur senkrechte Auflagerkräfte (Raddrücke) an einer waagrechten Kreislinie um die Mittelachse (Drehscheibe) auftreten.

A. Grundformen

1. Halslagerkrane

a) Formen Gemeinsam ist diesen Kranen (Abb. 148) die Aufnahme des Kippmoments M_k des drehbaren Teils $= Qa + Gb$ (Q = Nutzlast, G = Eigengewicht des drehbaren Teils) durch das gleichgroße ent-

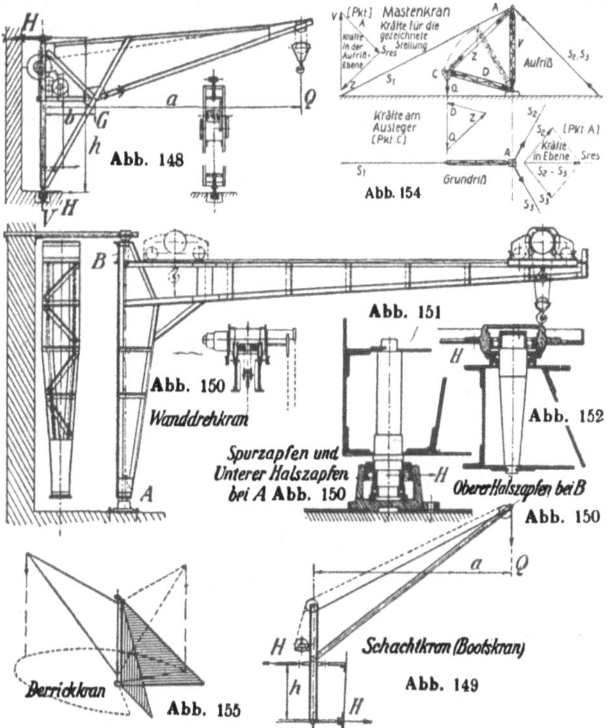

Abb. 148

Abb. 154

Abb. 151

Abb. 150

Abb. 152

Abb. 155

Abb. 149

gegengesetzte Kräftepaar Hh der waagrechten Halslagerkräfte und die Aufnahme der senkrechten Kräfte $Q+G$ durch die gleich große Gegenkraft V im Spurlager. Äußerliche Formunterschiede ergeben sich durch die Richtung von der aus die Halslager abgestützt werden, ob beide von der Seite her (Wanddrehkrane), oder beide vom Boden aus (Säulenkrane, Schachtkrane, Abb. 149), oder beide von oben her (Drehlaufkatzen, Abb. 136 u. 138), oder in irgendeiner Zusammenstellung dieser drei Fälle.

Wanddrehkrane sind häufig in Höfen, an Schuppen und Lagerhäusern. In Werkstätten sind sie zur vorzugsweisen Bedienung einzelner Werkzeugmaschinen, Schmiedehämmer und Arbeitsplätze geeignet (Abb. 148, 150, 153)

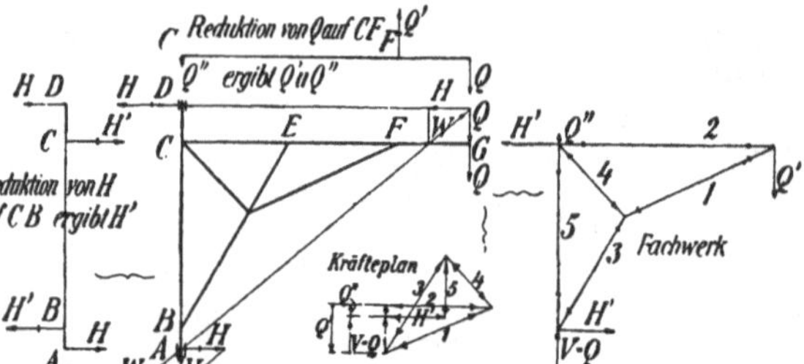

Abb. 153

Bei freistehenden Drehkranen muß das obere Halslager vom Boden aus abgestützt werden. Es geschieht dies durch Verspannung mit drei Drahtseilen bei den Mastenkranen (Abb. 154), die sich für Bauarbeiten, Steinbrüche, unregelmäßige Lagerplätze eignen, oder durch Dreibeingestelle bei den besonders in angelsächsischen Ländern heimischen Derrickkranen

(Abb. 155). Meist liegt das obere Halslager an der Spitze einer Säule aus geschmiedetem Stahl oder genietetem Fachwerk, die biegungsstark im Fundament verankert ist. Der drehbare Teil ist dabei entweder haubenartig über die Säule gestülpt (Abb. 156), wobei

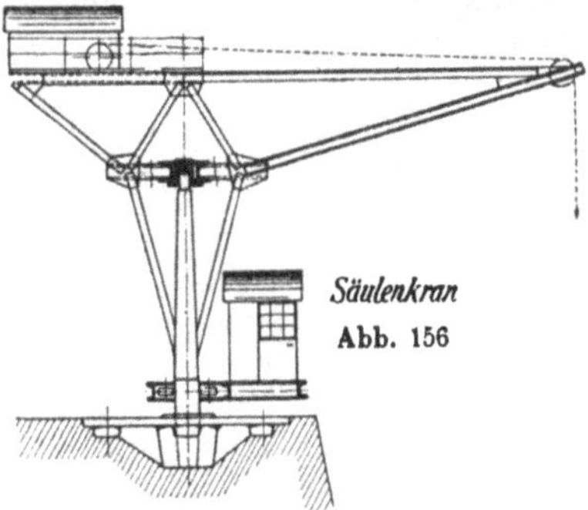

Säulenkran
Abb. 156

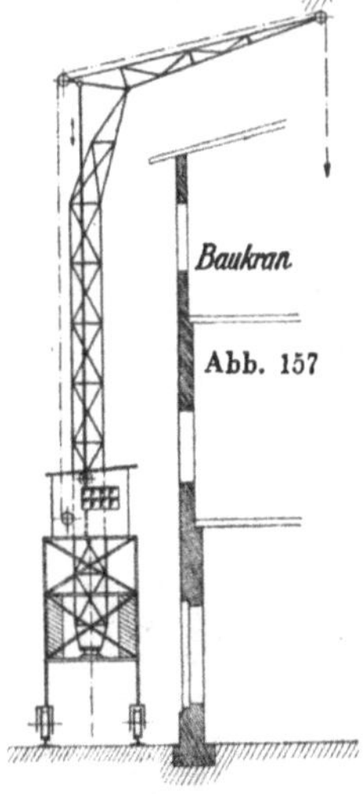

Baukran
Abb. 157

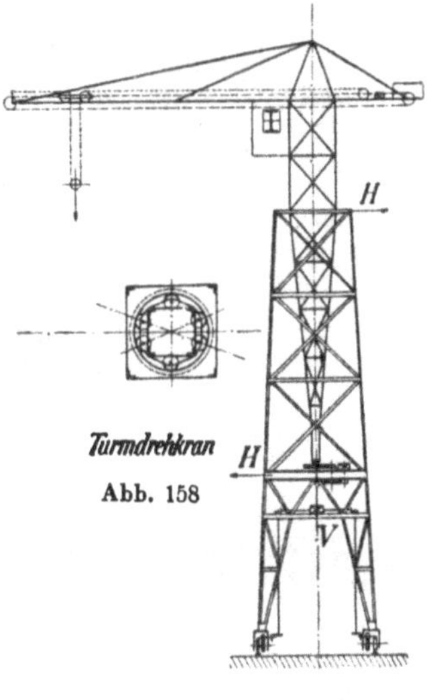

Turmdrehkran
Abb. 158

das Spurlager meist auf dem Säulenkopf, seltener als Ringlager unten liegt, oder der drehbare Teil taucht in das Stützgerüst ein und hat das Spurlager unten (Abb. 158). Säulenkrane werden in den mannigfaltigsten Formen und als Turmdrehkrane (Abb. 157, 158) und Riesenkrane (Abb. 159) mit den größten Abmessungen gebaut (Bauhöhe bis 95 m, Ausladung bis 60 m, Tragkraft bis 350 t).

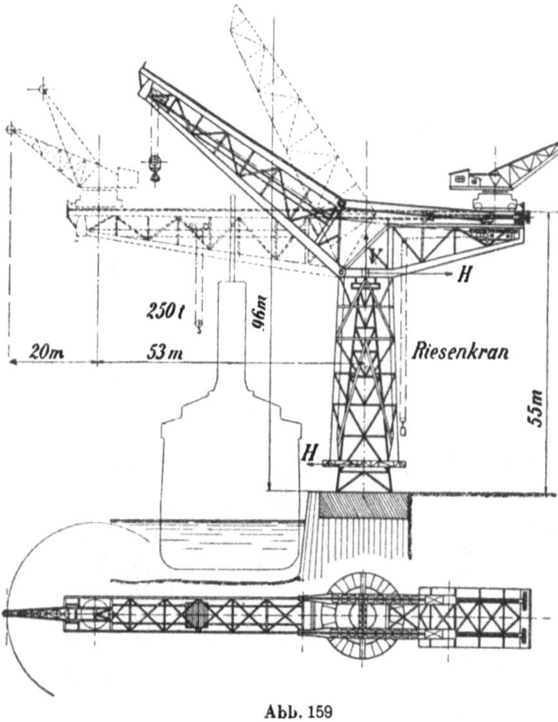

Abb. 159

b) Kräfteverlauf in den Bauteilen eines Säulenkrans (Abbildungen 160 bis 170).

Untersucht man die einzelnen Bauteile der Reihe nach, indem man jeweils das Gleichgewicht der an ihnen wirkenden äußeren Kräfte herstellt, so ist zu beachten, daß die vom Teil B auf den Teil A abgesetzten Auflagerwiderstände am Teil B wiederum in entgegengesetzter Richtung als äußere Kräfte erscheinen.

α) Drehbarer Teil

Da das Kippmoment des drehbaren Teils durch alle Zwischenglieder bis zum Fundament hindurchgeleitet wird, ist es zweckmäßig M_k von vornherein durch Gegengewicht K zu verkleinern. Völliger Ausgleich von Last- und Eigengewichtsmoment wäre verfehlt, da die Last zwischen 0 und ihrem Höchstwert wechselt. Das kleinste Kippmoment wird erzielt, wenn das wechselnde Nutzlastmoment halb, das konstante Eigengewichtsmoment voll ausgeglichen wird, also $K \cdot c = Q \cdot a/2 + G \cdot b$. Damit wird Kippmoment M_k bei Volllast $M_k = Q \cdot a + G \cdot b - (Q \cdot a/2 + G \cdot b) = Q\, a/2$ nach rechts und ohne Last $M_k = Q \cdot a/2 + G \cdot b) - G \cdot b =$ ebenfalls $Q \cdot a/2$ jedoch nach links. Ohne Gegengewicht wäre das Kippmoment $= Q \cdot a + G \cdot b$ (s. Abb. 161).

Bei mangelndem Schwenkraum oder wenn die Höchstlast selten zu erwarten ist, wird man für das Gegengewicht einen Wert zwischen 0 und dem angegebenen Höchstwert beliebig wählen.

Gleichgewicht am Drehteil ist vorhanden, wenn die Auflagerkraft V im Spurlager $= Q + G + K$ nach oben und das linksdrehende Auflagerkräftepaar Hh in den beiden Halslagern der Säule $=$ dem Kippmoment M_k eingesetzt wird.

Sollen die inneren Stabkräfte einer Fachwerkskonstruktion durch Kräftepläne bestimmt werden, so müssen zunächst alle äußeren Kräfte auf die Knotenpunkte reduziert werden (Beispiele s. Abb. 153, 160, 162). Wichtig ist die Probe, ob auch jetzt noch alle Knotenpunktskräfte am Netz des Fachwerks den drei Gleichgewichtsbedingungen (Summe aller Vertikal- und Horizontalkräfte und aller Momente = 0) genügen. Die Seilzüge zwischen Hubtrommel und Umlenkrolle im Ausleger wirken nur dann als äußere Kräfte, wenn die Seiltrommel außerhalb des drehbaren Teils liegt (selten). Liegt sie innerhalb, so sind es innere Kräfte, die am besten getrennt von den Fachwerksstäben behandelt und zu den durch Auswertung des Kräfteplans erhaltenen Stabkräften nachträglich addiert oder subtrahiert werden.

Die mindestens notwendigen Walzprofile (U- und Winkeleisen) erhält man aus den so bestimmten größten Stabkräften. Bei Zugstäben ist die zulässige Spannung $\sigma_{z\,zul} = \frac{P}{F}$ = etwa 800 kg/qcm (Nietquerschnitte sind vom Querschnitt F abzuziehen). Bei Druckstäben ist meist die Knickung maßgebend. Das mindestens nötige Trägheitsmoment des Profils bei 5facher Sicherheit ergibt die Formel $I = 2{,}33\, P \cdot l^2$ (P in t, l in m). Auf zusätzliche Biegungen einzelner Stäbe durch Seilzüge, fahrende Katze, Gegengewicht usw. ist zu achten. Mit Rücksicht auf genügende Steifigkeit, besonders beim Schwenken, benutzt man oft größere Profile als gerechnet; wegen einfacher Herstellung und ruhigen Aussehens möglichst wenige Sorten.

Spannungslose Füllstäbe in den Auslegern beschränken die Knicklänge der Druckstreben. Wegen der Biegungsmomente durch die Trägheitskräfte beim Schwen-

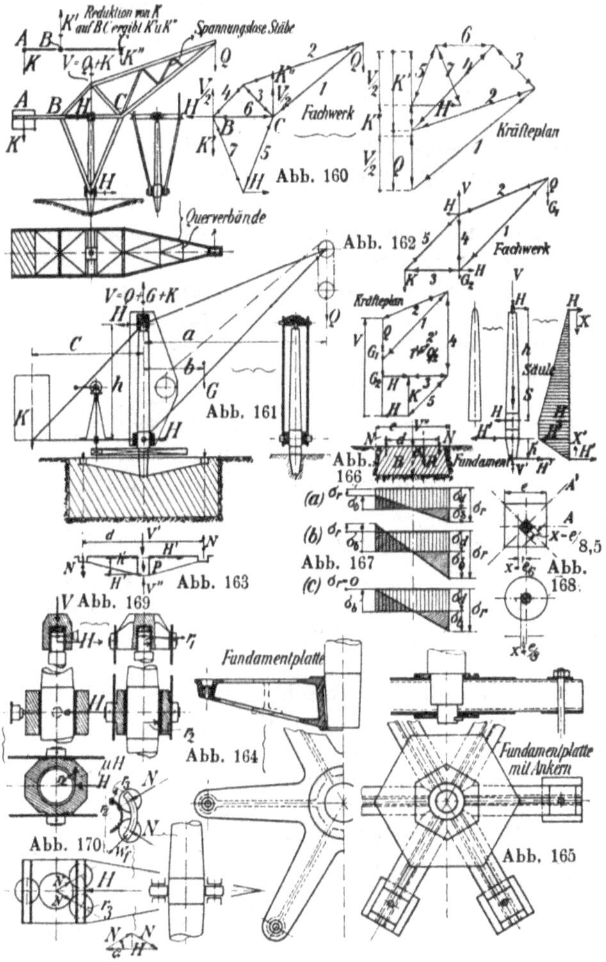

Abb. 160

Abb. 161

Abb. 162

Abb. 163

Abb. 164

Abb. 165

Abb. 166

Abb. 167

Abb. 168

Abb. 169

Abb. 170

ken werden die Ausleger nach der Säule zu verbreitert und erhalten Querverbände (Abb. 160).

β) Säule (Abb. 162)

Äußere Kräfte sind V und die beiden H in umgekehrter Richtung als am drehbaren Teil. Dazu kommt das Eigengewicht der Säule S. Auflagerkräfte treten da auf, wo die Säule mit dem nächsten Bauteil zusammentrifft, also bei geschmiedeten Säulen an der Fußplatte: $V' = V + S$ nach oben und das Gegenkräftepaar $H'h' = Hh = M_k$ linksdrehend an den Lagerkanten. Das Biegungsmoment ist

$$M_b = H \cdot x \text{ oder } H'x' = \frac{\pi d^3}{32} \cdot \sigma_{bzul} = \frac{d^3}{10} \sigma_{bzul}.$$

Die Säule als Körper gleicher Festigkeit müßte sich zusammensetzen aus zwei kubischen Parabeln mit den Veränderlichen d und x bzw x' (sie werden durch entsprechende Kegel ersetzt) und dem zylindrischen Mittelteil mit $M_{max} = Hh = H'h'$.

Dieser größte Querschnitt ist unabhängig von der Säulenlänge. Dagegen nehmen mit wachsender Säulenlänge die Kräfte H und damit die Lagerreibungen beim Schwenken ab.

Wenn eine größere Durchbiegung der Säule unzulässig erscheint, also wenn z. B. eine Katze auf einem langen Ausleger läuft, so sollte der normale Wert $\sigma_{bzul} = 500$ kg/qcm (Fall III) nicht überschritten werden. Ist die Durchbiegung unbedenklich, so findet man vielfach $\sigma_{b\,zul}$ mit 800 und 1000 eingesetzt.

In genietete Blech- oder Fachwerksäulen wird der Spur- und obere Halszapfen mit einer genügenden Führungslänge zwischen zwei waagrechten Blechrahmen eingesetzt (ähnlich wie Abb. 151, 152).

γ) Fußplatte (Abb. 163)

Äußere Kräfte: V' nach unten, Kräftepaar $H'h'$ im Uhrsinn und Eigengewicht der Platte P werden aufgenommen durch den senkrechten gleichmäßig verteilten, in der Mitte zu $V'' = V' + P$ zusammengefaßten Gegendruck des Fundaments und das linksdrehende Kräftepaar $N \cdot d$. Der Druck N rechts wird direkt übertragen, der Zug N links durch den Fundamentanker. Nimmt man V'' auf die Ankerstellen konzentriert an, so ist die ungünstigste Ankerbelastung bei vier Schrauben (Anker in Auslegerrichtung) $A = N + V''/4$ auf der Druckseite und $A = N - V''/4$ auf der Zugseite.

Die Anker sollen durch Anziehen der Muttern so stark vorgespannt werden, daß beim Auftreten der maximalen Zugkraft kein Klaffen der Fugen infolge Dehnung des Ankerbolzens eintritt. Bei 6 Ankern ist $A = N \cdot 4/6 \pm V''/6$, bei 8 Ankern $A = N \cdot 4/8 \pm V''/8$ usw. Die Arme der sternförmigen Platten (Abb. 164) sind auf Biegung beansprucht durch $A \cdot d/2$ und erhalten am besten Doppel-T-Querschnitt. Statt der Gußplatte werden besonders bei größeren Kranen Armsterne aus Profileisen und Blechen zusammengebaut (Abb. 165).

δ) Fundament (Abb. 166)

Äußere Kräfte sind V'', das Betongewicht B und das Kräftepaar $N \cdot d$ im Uhrsinn, welches nichts anderes ist als das Krankippmoment M_b, das sich über $H \cdot h$, $H' \cdot h'$ bis hierher fortgepflanzt hat. Da eine Zugübertragung zwischen Beton und gewachsenem Boden nicht möglich ist, so muß das Fundament an sich standfest sein, d. h. die Gesamtresultierende R_g aller äußeren Kräfte muß bei allen Auslegerstellungen und Belastungen mindestens innerhalb der Unterstützungsfläche den

Boden treffen. Die Größe von R_g ist $= V'' + B = Q + G + K + S + P + B$; ihre Lage ergibt sich aus der Momentengleichung um die Mittelachse: $R_g \cdot x = 2\,N\,d/2 = N \cdot d = M_k$. Zweck des meist recht beträchtlichen Betongewichts ist also, die Resultierende nach der Mitte hereinzuziehen.

Die Bodenbelastung (Abb. 167) setzt sich zusammen aus einer gleichförmigen Druckspannung $\sigma_d = \frac{V''+B}{F} = \frac{R_g}{F}$ (F = Querschnitt der Berührungsfläche) z. B. für Kreisquerschnitt $\sigma_d = \frac{R_g}{e^2\,\pi/4}$, für Quadrat $\sigma_d = \frac{R_g}{e^2}$, und einer Pressung durch das Kippmoment $M_k = R_g x$, die von Druckspannung rechts über Spannung 0 in der Mitte bis zu Zugspannung links wechselt, also wie eine Biegungsspannung zu behandeln ist. $\sigma_b = \frac{M_k}{W}$ (W = Widerstandsmoment der Berührungsfläche), also für Kreisquerschnitt $\sigma_b = \frac{R_g \cdot x}{e^3\pi/32}$ für quadratischen Querschnitt $\sigma_b = \frac{R_g \cdot x}{1/6 \cdot e \cdot e^2}$.

Für die resultierende Spannung $\sigma_r = \sigma_d \pm \sigma_b$ hat man noch zwei weitere Bedingungen: 1. darf die größte Druckspannung $\sigma_r = \sigma_d + \sigma_b$ rechts die für die betreffende Bodenart höchstens zulässige Pressung nicht überschreiten, z. B. für gewöhnlichen Boden 2 bis 3, für harten Kies 4 bis 6, für Fels 7 und mehr kg/qcm; 2. muß links $\sigma_r = \sigma_b - \sigma_d \geqq 0$ sein (Abb. 167a), da sonst Zug, also Klaffen der Fuge zwischen Beton und Boden auftreten würde (Abb. 167b). Setzt man im Grenzfall $\sigma_d = \sigma_b$ (Abb. 167c), so wird für Kreis $\frac{R_g}{e^2 \cdot \pi/4} = \frac{R_g\,x}{e^3 \cdot \pi/32}$ oder $x = \frac{e}{8}$ und für Quadrat $\frac{R_g}{e^2} = \frac{R_g\,x}{1/6 e \cdot e^2}$ also $x = \frac{e}{6}$.

Steht der Ausleger über der Diagonale des Quadrats, so ist W nur $= \frac{1}{6} \cdot e \cdot e^2 \frac{1}{\sqrt{2}}$ also x nur $= \frac{e}{6 \cdot \sqrt{2}} = \frac{e}{8{,}5}$. Die Resultierende muß also tatsächlich nicht nur in die Unterstützungsfläche überhaupt, sondern in einen Kernquerschnitt fallen, dessen Durchmesser bei Kreisquerschnitt $= e/4$, dessen Seite bei Quadrat $= e/4{,}25$ ist (Abb. 168).

Praktisch wird man die Abmessungen des Fundaments zunächst schätzungsweise annehmen, hieraus F, W und B finden und nachprüfen, ob x in den Kernkreis fällt. Je nach dem Ausfall dieser Prüfung, verbessert man die gewählten Abmessungen sinngemäß und prüft zum Schluß, ob die größte Druckspannung den zulässigen Wert nicht überschreitet.

Die Seitendrucke des Erdreichs auf das versenkte Fundament werden als unsicher vernachlässigt.

c) Schwenkmoment bei Halslagerkranen

Reibungsmomente treten auf an den beiden Halslagern und am Spurlager. An den Halslagern ist $M_h = \mu \cdot H \cdot r_1 + \mu \cdot H \cdot r_2 \cdot$ (μ im allgemeinen $= 0{,}1$). Hat eines der Halslager großen Durchmesser (Abb. 169), so werden meist Laufrollen verwendet, die am drehbaren, seltener am festen Teil angeordnet sind (Abb. 170 und 158). Der Horizontaldruck H findet seine Widerlager an 2 Centralkräften $N = \frac{H/2}{\cos \alpha}$. Der drehbare Teil ist dann als ein Wagen anzusehen mit 2 Radlasten N, der einen Fahrwiderstand $W_F = \frac{2\,N}{r_3}\,(f + \mu \varrho)$ aufweist. An Stelle von $\mu \cdot H \cdot r_2$ tritt also $W_F\,(r_2 + r_3)$.

Bei ebenen Gleitspurlagern (Abb. 169) ist $M_v = \mu \cdot V \cdot 2/3 \cdot r_1$. Bei Scheiben-Kugellagern ist $M_v = \mu' \cdot V \cdot r_k$ ($\mu' = 0{,}03$, r_k = Kugelkreishalbmesser). Spurzapfen für leichte Krane haben oft statt der ebenen Platte eine gehärtete Kugelkalotte (r_1 sehr klein!). Riesenkrane mit $V = 100$ t und mehr werden auf Kegelwalzen abgestützt, deren unter Wirkung der Last nach außen gerichtete Seitenkräfte H durch konzentrische Käfige aufgenommen werden (Abb. 171).

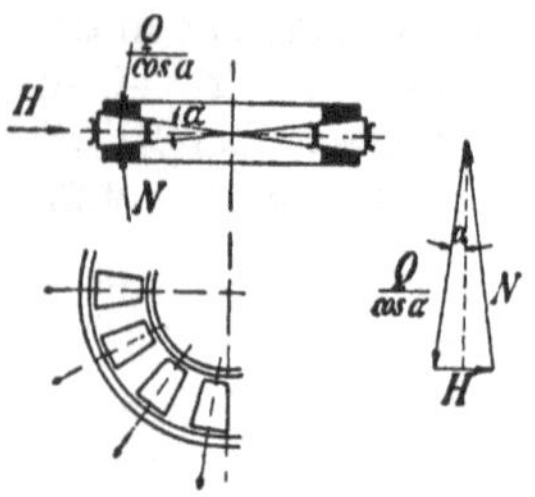

Abb. 171

Bei motorisch angetriebenen Drehwerken darf das Moment M_m mkg zur Überwindung der Massenwiderstände des Drehgerüsts bei der Anlaufbeschleunigung nicht vernachlässigt werden, da es das Reibungsmoment M_r zahlenmäßig bei weitem zu überwiegen pflegt. Ist v die Drehgeschwindigkeit der Last bei größter Ausladung a (wegen Lastpendelns $\leqq 2$ m/sec), so ist Winkelgeschwindigkeit des Drehteils $\omega = v/a$ 1/sec und die Winkelbeschleunigung $\varepsilon = \omega/t_a$ 1/sec² (Anlaufzeit t_a etwa 4 sec und mehr). M_m ist dann $= J_k \cdot \varepsilon$, wobei Trägheitsmoment J_k des Drehteils = Summe aller Massen m mal Drehhalbmesser im Quadrat z. B. in Abb. 161 $J_k = \frac{Q}{g} a^2 + \frac{G}{g} b^2 + \frac{K}{g} c^2$ kgmsec².

Das größte vom Getriebe zu übertragende Schwenkmoment wird damit $M_s = M_r + M_m$ mkg. Da Elektromotoren das 2 bis $2^1/_2$fache ihres Nennmoments für ein paar Sekunden abgeben können, genügt es bei der Bestimmung der Motorleistung mit $1/2\, M_m$ zu rechnen. Der Schwenkmotor braucht dann $N_o = \frac{(M_r + 1/2\ M_m) \cdot \omega}{102}$ kW.

2. Drehscheibenkrane

a) Standfestigkeit

Der drehbare Teil des Krans (Abb. 172) ist in senkrechter Richtung abgestützt auf 3 oder 4 Laufräder, die beim Schwenken auf einer waagrechten, kreisförmigen Schienenbahn abrollen und auf diese nur Druck-, keine Zugkräfte übertragen können. Der Drehteil ist dem Kippmoment gegenüber daher auf die eigene Standfestigkeit angewiesen. Eigengewicht und Gegengewicht am Drehteil müssen so bemessen sein, daß weder bei Vollast ein Kippen um die Verbindungslinie der Laufräder auf der Auslegerseite, noch bei fehlender Last um die Räder auf der Gegengewichtsseite eintritt.

Oder anders ausgedrückt: Die Gesamtresultierende aller äußeren Kräfte am Drehteil — also $R=Q+G+K$ bei Vollast und $R'=G+K$ ohne Last muß die Schienenebene innerhalb der Unterstützungsfläche treffen, die durch die Verbindungsgeraden der Laufrad-Berührungspunkte begrenzt ist.

Den Abstand x einer Resultierenden von der Mittelachse findet man durch Seileck oder rechnerisch aus $R \cdot x = M_k$. Wird x größer als der Abstand f der Kippkante von der Mittelachse, so muß Schienenkreis vergrößert werden oder man bringt ein Ballastgewicht B in der Mittelachse an. Im Grenzfall des Kippens wird $x=f$ und $(R+B)\, f=M_k$; hieraus $B_{min}=M_k/f - R$. Aus obigem ist verständlich, daß oft hohe Gewichte zur Erzielung der Standfestigkeit gebraucht werden und daß sich Drehscheibenkrane im allgemeinen schwerer bauen als Halslagerkrane. Sie eignen sich nicht für ganz leichte und ganz schwere Krane.

Bei der Prüfung der Standfestigkeit ist auch die Windbelastung zu berücksichtigen. Wirkt das Windmoment (Winddruck mal·Windfläche mal Abstand des Schwerpunkts der Windfläche von Schienenoberkante) in Richtung des Krankippmoments M_k, so addiert es sich zu diesem. Wirkt es quer zu diesem, so wird die Resultierende aus der Auslegermittelebene nach der Seite hin verschoben $W \cdot h = R \cdot y$ (Abb. 172b u. c). Aus diesem Grund sind 4 Laufrollen (Abb. 172e) mit rechteckiger Standfläche besser als nur 3 Rollen (Abb. 172d) mit dreieckiger Standfläche, obwohl die Raddrücke nur bei 3 Rädern statisch bestimmt sind. (Bei 4 Rädern setzt man elastischen Rahmen voraus.)

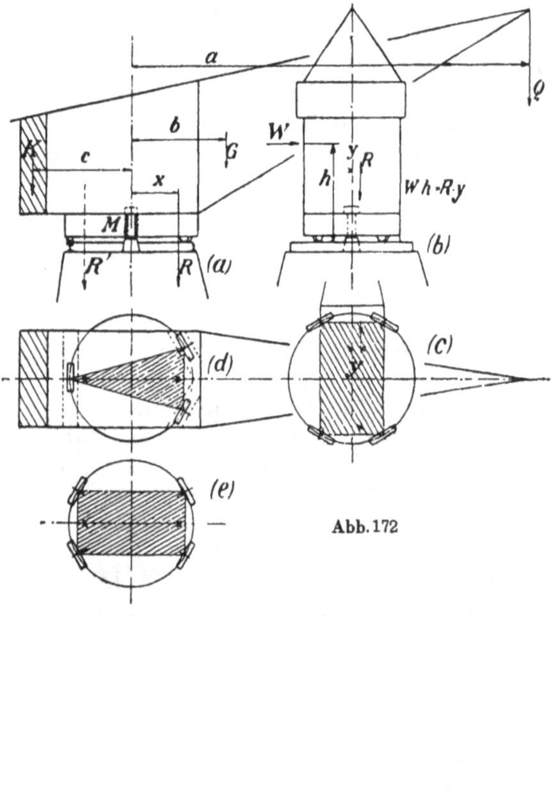

Abb. 172

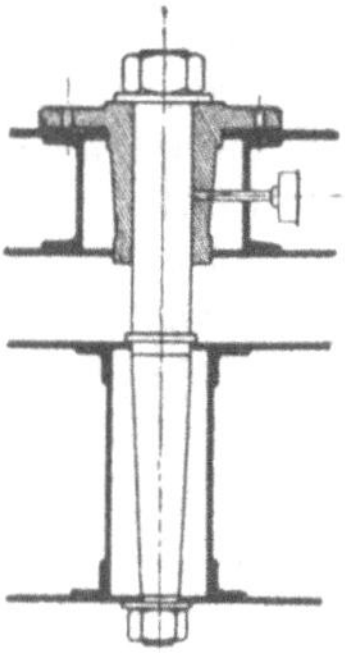

Abb. 173

Der zum Zentrieren dienende Königszapfen (Abb. 173) kann durch die aufgesetzten Muttern die Unterlage, in der er ruht, als Kippreserve für die Standfestigkeit heranziehen. Hohle Zapfen (Abb. 174) zur Aufnahme von Kegelradwellen oder elektrischen Kabeln.

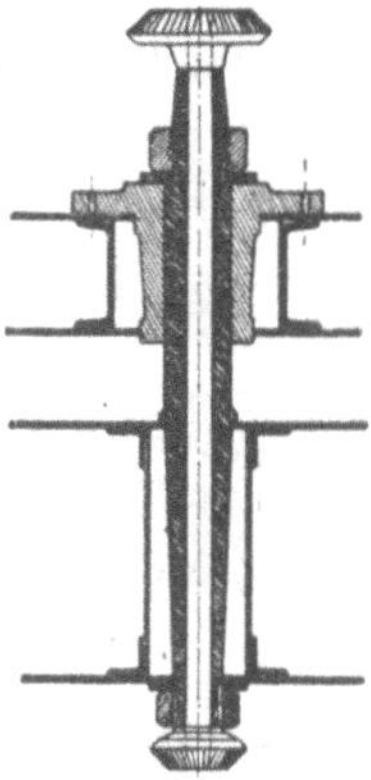

Abb. 174

Das Fundament ortsfester Drehscheibenkrane ist ebenso zu berechnen wie bei Säulenkranen.

b) Schwenkmoment von Drehscheibenkranen

Zu überwinden ist beim Schwenken 1) der Fahrwiderstand der durch R belasteten Laufräder am Halbmesser $\mathfrak{R}$ des Schienenrings, also Moment des Schwenkwiderstands

$$M_r = W_F \cdot \mathfrak{R} = \frac{R}{r}\,(f + \mu\,\varrho) \cdot \mathfrak{R}.$$

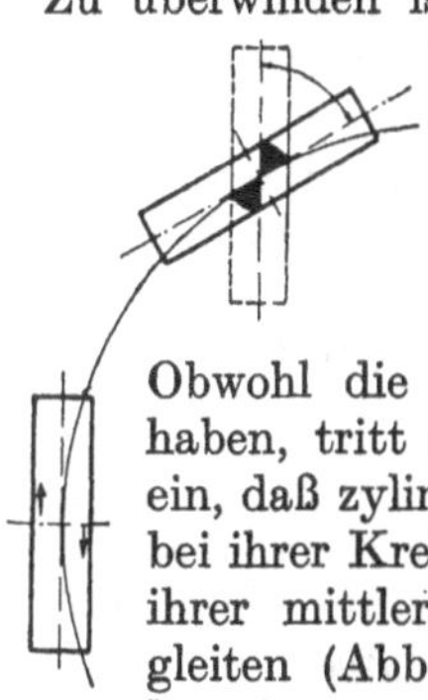

Abb. 175

Obwohl die Laufräder hier keinen Spurkranz haben, tritt doch eine Zusatzreibung dadurch ein, daß zylindrische Rollen auf ebener Schiene bei ihrer Kreisbahn um den Mittelzapfen nur in ihrer mittleren Umfangslinie rollen, ohne zu gleiten (Abb. 175). Die äußere Umfangslinie hat einen größeren Weg zu machen und gleitet vorwärts, die innere rückwärts auf der Schiene. Diese Reibung wird durch leicht gewölbte Eisenbahnschienen und Schmieren der Schienen herabgesetzt und mit etwa 10 v. H. berücksichtigt. Sie könnte ganz vermieden werden durch kegelige Laufrollen auf entsprechend abgeschrägter Schiene (Spitze der Kegel in der Kranmittelachse, Abb. 176). Da aber Kegelrollen durch die Belastung radial nach außen gedrückt werden und somit zusätzliche Nabenstirnreibungen zu überwinden haben, gibt man heute in der Regel den zylindrischen Laufrädern den Vorzug.

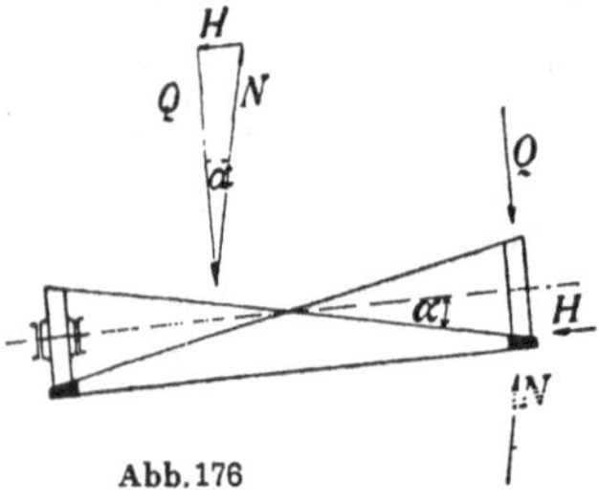

Abb. 176

Moment M_m der Massenwiderstände wie bei Halslagerkranen zu rechnen, also Schwenkmoment beim Anlauf $M_s = M_r + M_m$ (s. S. 118). Ebenda Motorleistung.

B. Drehkrane mit erweitertem Arbeitsbereich

Der Lasthaken am einfachen Drehkran hat als Arbeitsbereich gegenüber dem Boden nur eine Kreislinie. Diese kann in dreierlei Weise zur Fläche erweitert werden: 1. durch eine radial fahrbare Laufkatze. 2. Durch Veränderung der Ausladung des Auslegers. 3. Durch Fahrbarmachen des ganzen Krans.

1. Drehkrane mit Laufkatze

Wanddrehkrane in Werkstätten haben vielfach, Turmdrehkrane und Hammerkrane (Riesenkrane) fast immer eine (oder mehrere) radial auf dem Ausleger fahrbare Laufkatze, so daß der Arbeitsbereich des Hakens eine Kreisringfläche ist (vgl. Abb. 150).

Die Katzen sind selbstfahrend oder an endlosem Seil oder Kette gezogen. Besonders leicht werden sie, wenn auch das Hubwerk fest am Kran liegt und nur Umlenkrollen für das Hubseil in der Katze liegen (vgl. Abb. 158).

Läßt man an Stelle der einfachen Katze einen fahrbaren Drehkran auf dem Obergurt eines Riesenkranauslegers verkehren, so können leichte Lasten in breitem Streifen beiderseits des Auslegers bedient werden, ohne daß der schwere Ausleger selbst in Drehung versetzt zu werden braucht (Abb. 159).

2. Krane mit Wippausleger

Ringförmiges Arbeitsbereich wird erzielt durch „Wippen" des Auslegers in senkrechter Ebene um ein am Drehgerüst angebrachtes Scharniergelenk. Bei Baukranen wird der Ausleger oft nur ohne Last verstellbar gemacht, um nach Bedarf die Ausladung für einige Zeit zu verkleinern oder um größere Lasten anhängen zu können. Meist aber wird mit anhängender Last durch ein besonderes Einziehwerk gewippt. In Abb. 177 ist zwischen Drehgerüst und Ausleger-

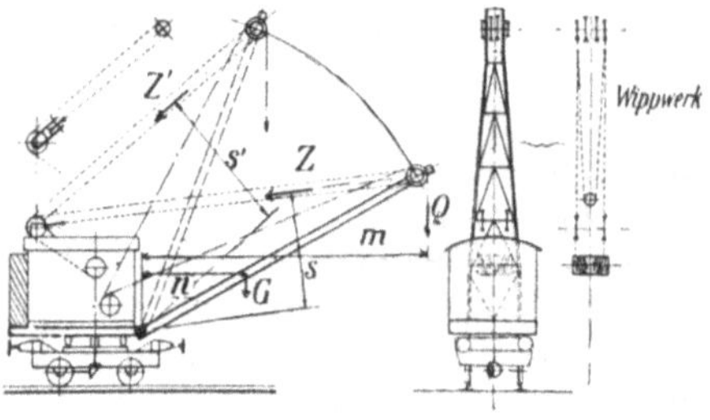

Abb. 177

spitze ein Drahtseil-Rollenzug eingeschaltet, dessen Zugkraft Z bei größter Ausladung sich ergibt aus $Zs = Qm + Gn$. Durch Einholen des Wippseils auf die Einziehtrommel verkleinert sich die Ausladung und — entsprechend den veränderten Hebelarmen s, m, n — auch die Zugkraft Z'.

Zum Einziehen kann man auch ein Ritzel motorisch antreiben, das in einen am Ausleger festen Zahnbogen (Abb. 180) oder in eine daran gelenkig angebrachte Zahnstange (Abb. 182) eingreift. Bei diesen drei genannten Bauarten muß der Ausleger durch eine Bremse in jeder Wipplage festgehalten werden. Die Bremse entfällt bei der Bauart mit einer oder zwei gelenkig gelagerten, selbsthemmenden Schraubenspindeln mit Mutter, die aber dafür schlechteren Wirkungsgrad haben (Abb. 178, 179, 183). Der Antriebsmotor kann entweder an der Schwingbewegung um das Gelenk teilnehmen (Abb. 178) oder er kann im Gerüst festliegen und Spindel oder Mutter über Kegelräder antreiben.

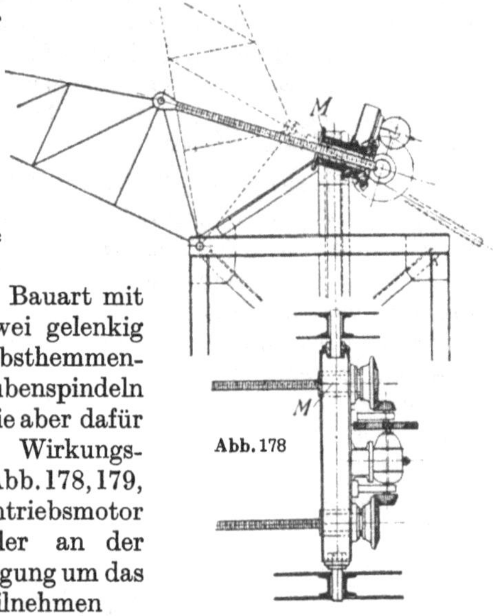

Abb. 178

Beim Wippwerk großer Krane (Schwimmkrane Abb. 192) würden die schrägliegenden schweren Schraubenspindeln in großer Länge frei über die Muttern überstehen. Man lagert dann die Spindeln in senkrechter Lage oben und unten am Rücken des Krangerüsts und bildet die Mutter als Wagen aus, an dem vom Ausleger her ein Schrägzug Z durch Lenker angreift. Die senkrechte Komponente von Z wird von der Spindel, die waagrechte N durch die Laufrollen des Wagens von einer Schiene am Gerüst aufgenommen.

Die zu leistende Arbeit beim Wippen ist bedeutend, wenn außer dem Ausleger auch die anhängende Last mit angehoben wird, was beim einfachen Wippkran der Fall ist und oft auch betriebsmäßig wünschenswert sein kann. Wird aber regelmäßig nur gewippt, um die Last radial zu verschieben, so kann die Arbeit zum Heben der Last theoretisch vermieden, praktisch auf kleine Reibungsarbeiten beschränkt werden, wenn für selbsttätige, genau oder annähernd waagrechte Lastbewegung beim Wippen gesorgt wird.

Beispiele solcher Sonderkonstruktionen von Waagrecht-Wippkranen sind dargestellt in den Skizzen (Abb. 179—183), die jeweils den Lastweg und die Endstellungen zur Erläuterung der Bewegungsmechanismen zeigen, die auf 2 Grundgedanken beruhen.

1. Kinematische Geradführung der Last durch Lenker. Abb. 179 u. 180 zeigen Doppellenker-Krane, bei welchen ein bewegliches Gelenkviereck $BCDE$ so bemessene Seitenlängen erhält, daß der Endpunkt A des Kopflenkers ABC (und damit die Last) den nahezu waagrechten Teil einer Lemniskatenkurve beschreibt. Die Verlängerungen von DC und EB schneiden sich in allen Lagen ungefähr in der jeweiligen Wirkungslinie der Last. Daraus geht hervor, daß die Last im wesentlichen von den Druck- und Zuglenkern aufgenommen wird und daß beim Wippen nur unbedeutend abweichende Momente gegenüber dem Drehpunkt des angetriebenen Lenkers überwunden werden müssen. Günstig ist, daß hier die Last nicht zu störendem Pendeln kommt, da sie immer gleich nahe am Ausleger-

schnabel gehalten wird. Abb. 179 eignet sich besonders zum „Einstechen“ in Takelwerk usw.

Abb. 181 zeigt einen Ellipsenlenker-Kran. Der Ausleger von der Länge = 4a wird bei *E* durch endlose Kette, wie hier, oder durch Zahnstange oder Schraubenspindel in senkrechter Bahn auf- und abgeführt und ist außerdem in *F* im Abstand $=a$ aufgehängt an einem Lenker *L*, dessen Länge ebenfalls $=a$ ist. Der Auslegerschwerpunkt *S* im Abstand =2a von *E* bewegt sich beim Wippen genau waagrecht, muß also nicht gehoben werden. Das Lastseil wird von der Trommel *T* über *E* und *A* zur Last geführt. Beim Aufwippen wird der Auslegerfußpunkt von E' nach E'' gesenkt um die Strecke *h*. Da nun A' auf seiner Ellipsenbahn gleichzeitig nach A'' um *h* gehoben wird, bleibt die Last in genau gleicher Höhe. Daß beide Abstützungen des Auslegers bewegte Gelenke sind (*E* und *FL*), kann Schwierigkeiten beim Schwenken in horizontaler Ebene bereiten.

2. Das Lastseil wird bei voller Ausladung über einen Umweg geführt, der sich beim Einziehen zwangsläufig so verkürzt, daß gerade soviel Seil freigegeben wird, um die Last in gleicher Höhe zu halten.

In Abb. 182 wird der Umweg des Lastseils von *Q* über *A* Umlenkrolle *R* zur Trommel *T* durch geeignete Bemessung der Schwinge *S* und des Lenkers *L* so gestaltet, daß in allen Wippstellungen die gleichbleibende Seillänge *QART* bis zu $Q'A'R'T'$ die Last ungefähr in derselben Höhe hält. Das Eigengewicht des Auslegers kann durch ein Gegengewicht bei *R* ausgeglichen werden.

In Abb. 183 kann der Lastweg genau waagrecht gemacht werden durch Ausbildung der Kurve *K*, die fest mit dem Ausleger verbunden ist und über welche

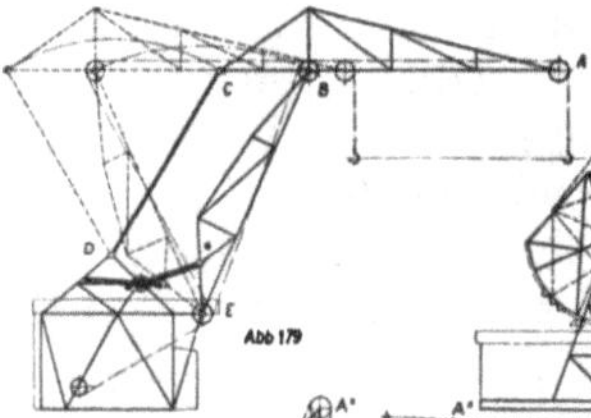

Abb. 179

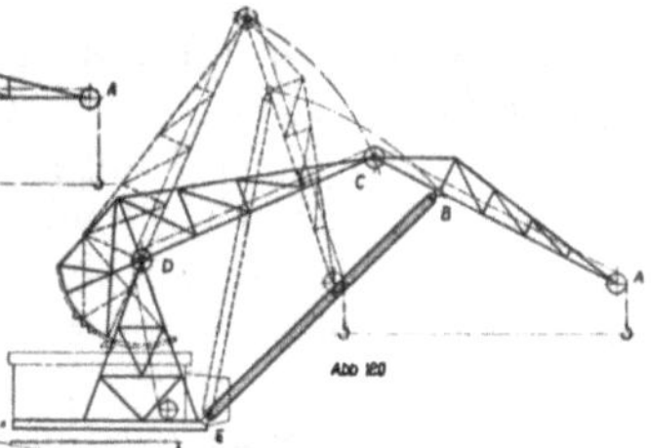

Abb. 180

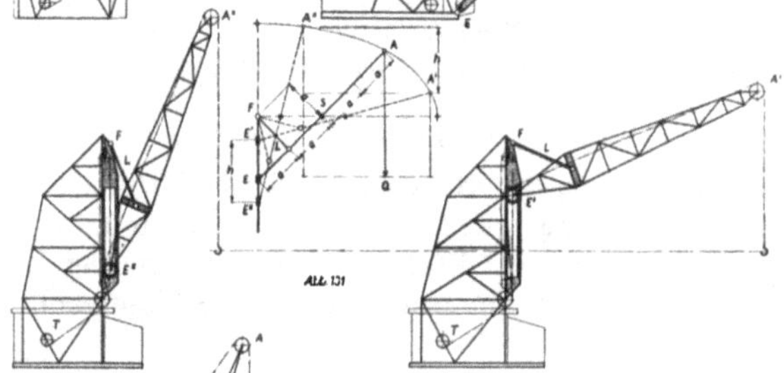

Abb. 181

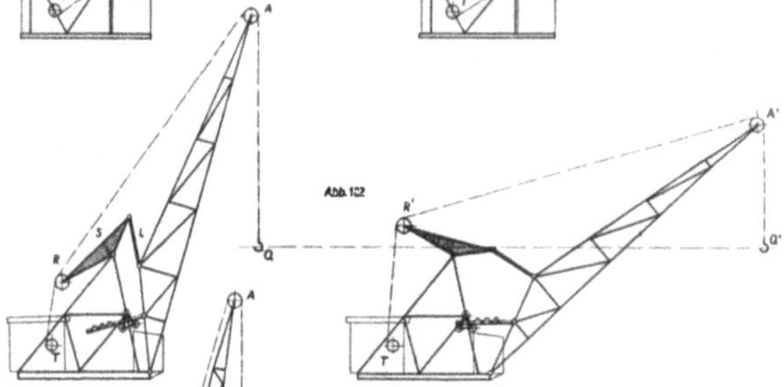

Abb. 182

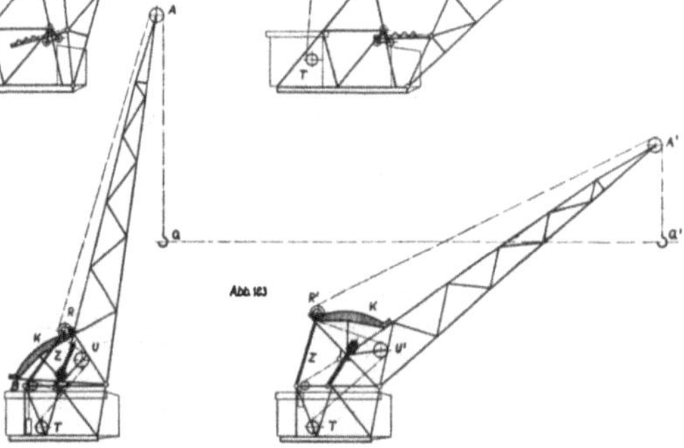

Abb. 183

die Umwegsrolle *R* rollt, deren Lage außerdem festgelegt ist durch das Hubseil und durch den Zuglenker *Z*, der in *B* am Drehgerüst angelenkt ist. In allen Wipplagen ist die Seillänge *QARUT* dieselbe.

3. Eine dritte Möglichkeit, das Einziehwerk (z. B. Drahtseil mit konischer Trommel) derart mit dem Hubwerk zu kuppeln, daß die Last beim Aufwippen um dieselbe Strecke gesenkt wird, um die sie eigentlich gehoben würde, ist heute kaum mehr ausgenützt.

3. Fahrbare Drehkrane

Setzt man einen Drehkran (Säulen- oder meist Drehscheibenkran) auf ein fahrbares Untergestell, so wird eine Fläche von der Länge der Fahrbahn und der Breite der doppelten Kranausladung vom Haken voll bestrichen.

a) Formen

Der einfache Rolldrehkran auf Normalspurgeleise (Abb. 177) ist viel gebraucht auf Fabrikhöfen, Lager-

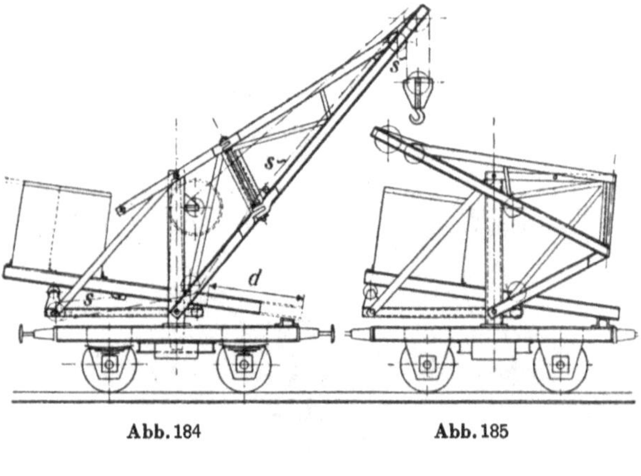

Abb. 184 Abb. 185

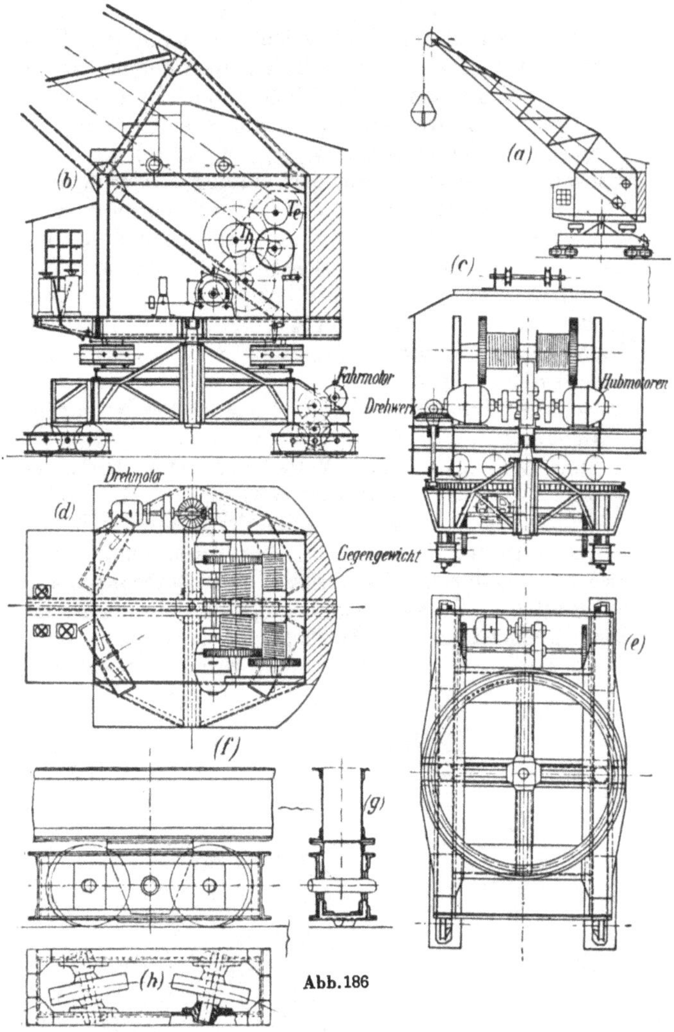
(a)
(b)
Te
Th
(c)
Fahrmotor
Drehwerk
Hubmotoren
Drehmotor
(d)
Gegengewicht
(e)
(f)
(g)
(h)

Abb. 186

plätzen, Werften und Baustellen und kann das Verschieben von Eisenbahnwagen mitübernehmen, wenn sein Unterwagen eisenbahnmäßig gebaut ist und selbständiges Fahrwerk hat. Handelt es sich dabei um verzweigte Geleiseanlagen, so ist die Zufuhr des elektrischen Stromes schwierig oder unmöglich. Will man nicht mit Akkumulatoren arbeiten, so betreibt man solche Krane mit Dampfmaschine (stehender Kessel als Gegengewicht auf dem Kran) oder mit Dieselmotor. Im Betrieb der Eisenbahnverwaltungen werden Krane ohne eigenes Fahrwerk mit umklappbaren Auslegern für Bauzwecke und Aufräumungsarbeiten in die Züge eingestellt (Abb. 184, 185).

Größere Tragkraften und Ausladungen erfordern Krane mit breiterer Spur (Abb. 186).

Fahrbare Drehkrane auf Verladebrücken und Schwerlastkranen sind schon erwähnt worden (Abb. 123, 159).

Im Hafenbetrieb würde das Freihalten der Krangeleise längs des Ufers zuviel wertvollsten Platz beanspruchen. Man setzt daher einen Drehscheibenkran auf ein fahrbares Bockgerüst, das einem oder mehreren Eisenbahngeleisen freien Durchgang gibt (Portal- oder Torkrane, Abb. 187). Der Raum wird ausgenutzt und

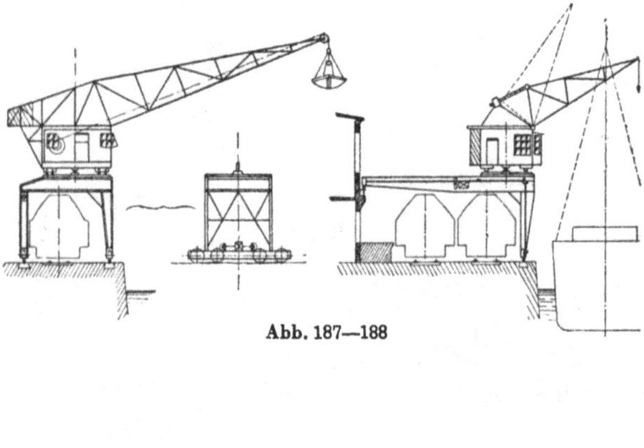

Abb. 187—188

zugleich der Umschlag zwischen Schiff und Bahn erleichtert. Liegen Speicher nahe und parallel dem Ufer, so bleibt nur die äußere Kranschiene auf dem Boden an der Uferkante; die innere wird nach Art der Laufkranbahnen am Gebäude hoch gelegt (Halbportalkrane, Abb. 188).

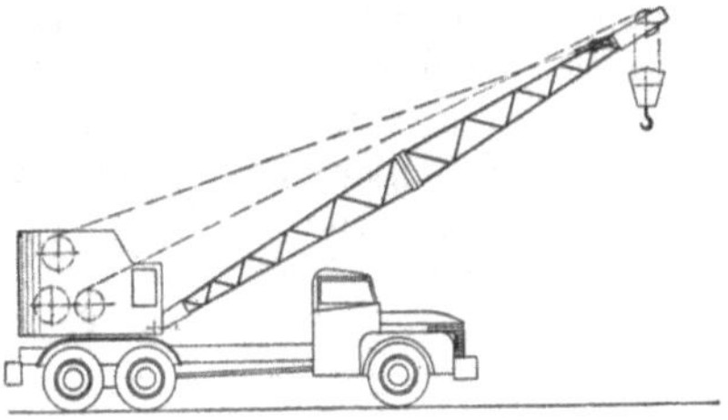

Abb. 189

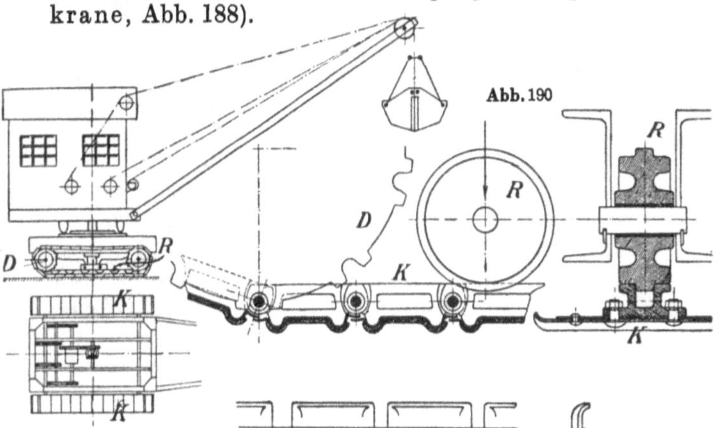

Abb. 190

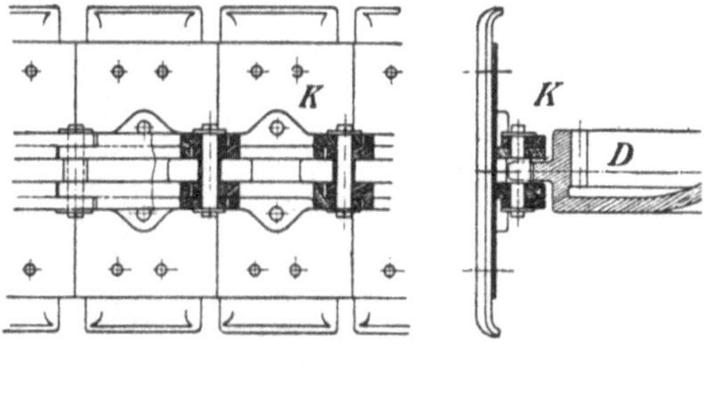

Abb. 191

Soll ein Drehkran den Verkehr zwischen Hof und Werkstatt oder zwischen Werkstätten untereinander übernehmen und soll auch hier die wertvolle Bodenfläche gespart werden, so werden die Fahrschienen senkrecht übereinander gelegt, so daß der Kran durch ein sehr schmales Profil geht, wenn der Ausleger in Fahrtrichtung steht (Abb. 194). Über die Standfestigkeit solcher „Fahrrad- oder Kopfspurkrane" s. Abb. 195. Ihr Vorteil gegenüber Einschienenkatzen ist die Bedienung von Flächen zu beiden Seiten der Fahrbahn.

Unabhängig vom Geleise, aber an Straße gebunden sind die Autokrane (Abb. 189). Vollständig freizügig, d. h. unabhängig von Geleise und Straße, sind die Drehkrane mit Raupenketten (Abb. 190, 191). Sie sind für Tiefbauzwecke besonders brauchbar. Die breiten Auflageflächen der Raupenketten ergeben geringe Bodenpressungen und verhindern so das Einsinken bei der Fahrt über weichen Boden. Das Krangewicht stützt sich mit gefederten Rollen auf entsprechend geformte Laufflächen auf der Innenseite der Kette ab. Der Fahrantrieb

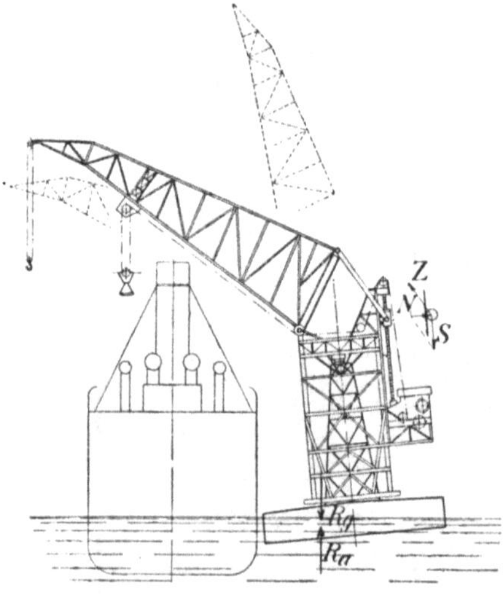

Abb. 192

bringt durch sein Drehmoment auf die Kettendaumenräder das Rollengestell zum Abrollen über die am Boden haftende Kette. Letztere stellt somit eine breitfüßige Schiene dar, die nach Gebrauch immer wieder hinten aufgenommen und nach vorn geschafft wird.

Schwimmdrehkrane (Abb. 192) sind als Schwerlastkrane bis zu einer Tragkraft von 350 t gebaut worden und dienen hier zur Ausrüstung und Reparatur von Schiffen, zum Auswechseln von Schleusentoren u. ä. Sie haben meist eigenen Fahrantrieb.

b) Standfestigkeit und Raddrücke

Wie bei den Drehkranfundamenten, so muß auch beim fahrbaren Drehkran die Gesamtresultierende aus allen äußeren Kräften bei Vollast und ohne Last in die Standfläche fallen, die beim einfachen Unterwagen in der Schienenebene liegt und durch die Verbindungslinien der 4 Radberührungspunkte begrenzt ist (Abb. 193).

Nach S. 119 ist das Kippmoment des Drehteils in der Auslegerebene bei Vollast $M_k = R \cdot x_q$, ohne Last $M'_k = R' \cdot x'$. Das Kippmoment für den ganzen fahrbaren Kran bleibt dasselbe. Durch das Eigengewicht U des Unterwagens wird aber die Gesamtresultierende $R_g = R + U$ und deren Abstand von der Mittelachse wird verkleinert auf $r = \frac{M_k}{R_g}$ bzw. auf $r' = \frac{M_k'}{R'_g}$. Je schwerer also der Unterwagen gebaut wird oder je mehr er durch zentrale Ballastgewichte beschwert wird, desto mehr wird die Resultierende in die Standfläche hereingezogen, also die Standfestigkeit verbessert.

Mit dem Schwenken des Auslegers wandert der Fußpunkt von R_g in einem Kreis um die Mittelachse mit Halbmesser r, der innerhalb der Rechteckfläche mit Spurweite s und Radstand l liegen muß. Zur Bestimmung der Raddrücke kann man ohne Veränderung des

Gleichgewichts 2 gleiche entgegengesetzte Kräfte R_g in der Mittelachse anbringen. Die nach unten gerichtete Kraft gibt eine Mittelbelastung R_g, die sich mit je $R_g/4$ auf die vier Räder verteilt. Die nach oben gerichtete Kraft gibt zusammen mit der wahren Lage von R_g ein Kräftepaar $R_g \cdot r = M_k$, dem ein Gegenkräftepaar an den Rädern entgegenwirkt, z. B. in Stellung I des Auslegers Kräftepaar $V \cdot l$, wobei $V = R_g\, r/l$ rechts nach oben, links nach unten wirkt (Abb. 193 rechts oben.) Damit wird $Q_1 = R/4 + 1/2 \cdot$

Abb. 193

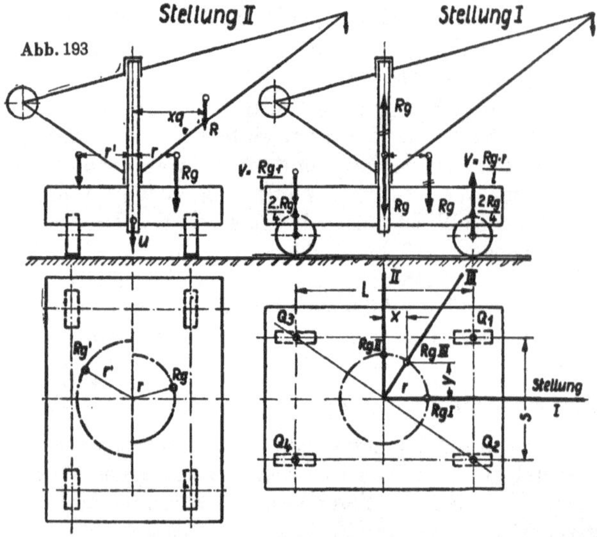

Stellung	Q_1	Q_2	Q_3	Q_4
I	$R_g\left(\frac{1}{4}+\frac{1}{2}\frac{r}{l}\right)$	wie Q_1	$R_g\left(\frac{1}{4}-\frac{1}{2}\frac{r}{l}\right)$	wie Q_3
II	$R_g\left(\frac{1}{4}+\frac{1}{2}\frac{r}{s}\right)$	$R_g\left(\frac{1}{4}-\frac{1}{2}\frac{r}{s}\right)$	wie Q_1	wie Q_2
III	$R_g\left(\frac{1}{4}+\frac{1}{2}\frac{x}{s}+\frac{1}{2}\frac{y}{s}\right)$	$R_g\left(\frac{1}{4}+\frac{1}{2}\frac{x}{l}-\frac{1}{2}\frac{y}{s}\right)$	$R_g\left(\frac{1}{4}-\frac{1}{2}\frac{x}{l}+\frac{1}{2}\frac{y}{s}\right)$	$R_g\left(\frac{1}{4}-\frac{1}{2}\frac{x}{l}-\frac{1}{2}\frac{y}{s}\right)$

$R_g\, r/l$. Der größte Raddruck z. B. bei Q_1 tritt auf, wenn R_g so im Kreis steht, daß r senkrecht auf der Diagonale $Q_3\, Q_2$ steht. Stellung III. Das Kräftepaar $R_g \cdot r$ wird dann zerlegt in $R_g \cdot \varkappa$. und $R_g \cdot y$. Sämtliche Raddrücke für die 3 maßgebenden Stellungen s. Tabelle. Ihre Summe gibt jeweils R_g.

Fährt der Kran auf Normalspur (1435 mm), so kann nur ein verhältnismäßig kleines Lastkippmoment $Q \cdot a$, praktisch etwa 25 mt in Frage kommen, wenn der Ausleger quer zur Schiene steht; wenn man vorübergehend auf Fahrbarkeit verzichtet, kann man die Standfläche durch Schraubenwinden, die man seitlich unter den überstehenden Wagenrahmen anbringt, erbreitern und die Tragkraft etwas erhöhen.

Für größere Lasten und Kippmomente muß die Standfläche $s \cdot l$ entsprechend dem Innenkreis vom Radius r vergrößert werden; man erhält damit besondere Krangeleise mit breiterer Spur (Abb. 186).

Die Standfestigkeit der **Fahrrad- oder Kopfspurkrane** (Abb. 194, 195) ist in verschiedener Weise bedingt je nach der Stellung des Auslegers. Steht dieser in Fahrtrichtung (Abb. 194), so muß die Gesamt-

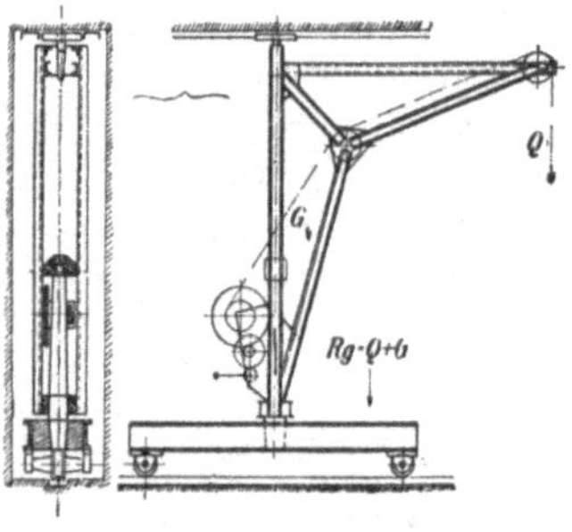

Abb. 194

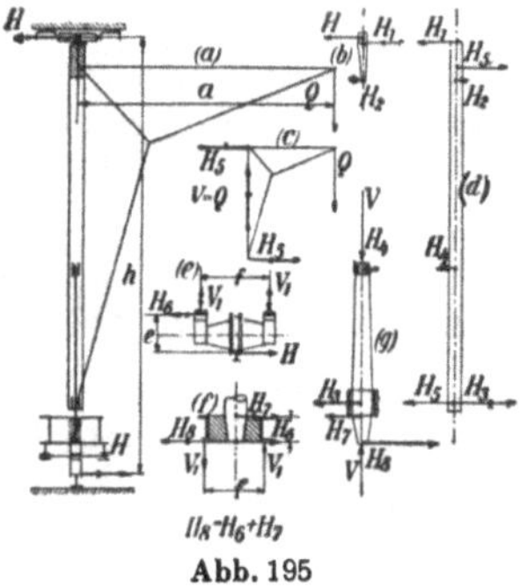

Abb. 195

resultierende R_g innerhalb des Radstands liegen, wie bei den andern fahrbaren Drehkranen. Steht der Ausleger aber quer zur Schiene (Abb. 195), so wird das Kippmoment M_k wie bei Halslagerkranen durch ein Kräftepaar Hh aufgenommen. Die obere Widerlagerkraft H geht von der Kopfschiene aus, gegen die sich die Kopfrollen des Krans bei Stillstand und in der Fahrt anlegen. Die Fußschiene liefert die andere Widerlagerkraft H, die durch Haftreibung und Spurkranz auf die senkrechten Laufräder und durch deren Nabenstirn auf das Krangerüst übertragen wird. In den Schrägstellungen des Auslegers ist das Kippmoment M_k als Resultante eines Längs- und eines Querkippmoments aufzufassen, so daß beide Fälle der Standfestigkeit gemeinsam herangezogen werden.

Abb. 195 gibt einen Anhalt, wie die Kräfte innerhalb des Krans durch Herstellen des Gleichgewichts nacheinander an den einzelnen Bauteilen bestimmt werden können. Teilabbildung (*a*) Kippmoment am ganzen Kran, *b*) Zapfen am oberen Halslager, *c*) Ausleger, *d*) Senkrechter Rahmen, *e*) Radlagerung, *f*) Säulenlagerung, *g*) Säule.

Bei Schwimmkranen (Abb. 192), die unter Wirkung eines Kippmoments stehen, stellt sich der Schwimmkörper selbsttätig so schräg ein, daß die Resultierende des gesamten Auftriebs R_a, welche durch das stärkere Eintauchen unter dem Ausleger nach dieser Seite hin wandert, der Gesamtresultierenden R_g gleich und direkt entgegengesetzt ist.

c) Fahrwerk fahrbarer Drehkrane

Das Fahrwerk der Unterwagen und Bockgerüste von Drehkranen mit Hand- oder motorischem Antrieb wird im allgemeinen wie bei Laufkatzen und Bockkranen berechnet und gebaut.

Besonderheiten bieten jedoch die Bestimmung der Raddrücke, die Untersuchung der Haftreibung und der Antrieb vom drehbaren Teil aus.

Wird das Radpaar 3 und 4 in Abb. 193 angetrieben und steht der Ausleger in Stellung I, so ist die Summe der Raddrücke $Q_3 + Q_4 = R_g \left(\frac{1}{2} - \frac{r}{l}\right)$. Es muß nun untersucht werden ob die Haftreibung der Triebräder zwischen Rad und Schiene $W_h = \mu\,(Q_3 + Q_4)$ immer noch größer ist als der ganze von den Treibrädern zu übertragende Fahrwiderstand W_F (μ kann hier etwa $= 0{,}12$ bis 0,15 eingesetzt werden).

Ist das nicht der Fall (also $W_h < W_F$), so schleifen die Räder, statt zu rollen, das Fahrwerk „zieht nicht durch". In diesem Fall müssen auch die Haftreibungen der jetzt stärker belasteten Räder 1 und 2 zur Abstützung gegen die Schiene herangezogen werden. Man kuppelt dazu die Achsen 1—2 und 3—4 durch Kegelräder, Gelenkkette oder bei fliegenden Rädern durch Kurbelstangen.

Befindet sich der Führer, wie meist auf dem drehbaren Teil, so muß der Fahrantrieb des Unterwagens von dort aus gesteuert werden. Bei elektrischem Antrieb ist Fernsteuerung möglich, indem der Strom über Schleifringe durch die durchbohrte Mittelsäule dem Kranfahrmotor zugeführt wird (Abb. 186). Bei Drehscheibenkranen mit Dampfmaschine oder Dieselmotor im drehbaren Teil muß direkte Wellenverbindung mit dem Fahrwerk im Unterwagen hergestellt werden. Eine senkrechte, oben und unten mit Kegelrädern besetzte Vorgelegewelle wird im durchbohrten Mittelzapfen des Krans gelagert (Abb. 174).

C. Ausführung der Drehwerke

Die Berechnung des Schwenkmoments M_s ist bei Halslager- und Drehscheibenkranen verschieden und daher schon dort gesondert angegeben worden (s. S. 117 u. 121).

Bei ganz leichten Kranen ist eine besondere Antriebsvorrichtung überflüssig. Wird M_s größer und ist ein Schwenken direkt am Ausleger aus örtlichen Gründen nicht möglich, so kann das durch Kurbel-Haspelrad- oder motorischen Antrieb erzeugte Drehmoment in zweierlei Weise auf den drehbaren Teil übertragen werden.

Entweder liegen Antrieb und Vorgelege im festen Gerüst oder auf dem Boden und wirken durch ein Ritzel mit senkrechter Achse auf ein Zahnrad, das mit dem drehbaren Teil fest verbunden und in der Mittelachse zentriert ist (Abb. 158).

Oder umgekehrt: Liegt Antrieb und Vorgelege im drehbaren Teil, dann rollt sich ein Ritzel mit ebenfalls senkrechter Achse an einem undrehbar gelagerten, um die Mittelachse zentrierten Zahnrad oder Zahnkranz ab (Abb. 161). Bei Drehscheibenkranen ist das feste Rad oft als Innenzahnkranz ausgebildet (Abb. 186). Bei großen Durchmessern und Kräften tritt an Stelle des Zahnrads ein Triebstockkranz (Abb. 196) mit eingesetzten, gedrehten Stahlbolzen. Diese sind zwar teurer, haben aber neben höherer Festigkeit den Vorzug, daß gebrochene Bolzen leicht auszuwechseln sind.

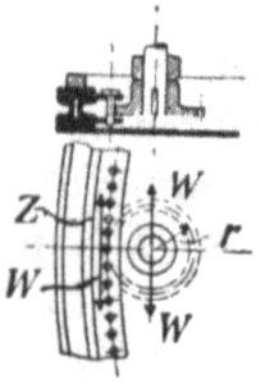

Abb. 196

Bei den Vorgelegen muß man regelmäßig von den waagrechten Antriebswellen auf die senkrechte Ritzelwelle übergehen. Dies geschieht durch Kegelräder (Abb. 186) und sehr häufig durch Schneckengetriebe mit waagrechten nicht selbsthemmenden Schneckenrädern (Abb. 12), wenn die Übersetzung sehr groß ausfällt. Bei elektrischem Antrieb wird gern eine Rutschkupplung ins Getriebe eingeschaltet, damit der Motor nicht plötzlich unter vollem Strom stehen bleibt und durchbrennt, wenn der Ausleger einmal gegen ein Hindernis anrennen sollte.

Die Geschwindigkeit v im Auslegerschnabel wird wohl kaum über 2,5 m/sec getrieben und ist bei schweren Kranen mit großen Trägheitsmassen wesentlich geringer (ein 250 t Schwerlastkran mit 55 m Schwenkhalbmesser hat z. B. 0,5 m/sec).

Die Übersetzung bei Handantrieb ist =

$$i = \frac{\text{Schwenkmoment } M_s}{\text{theoretisches Antriebsmoment}}$$

bei Motorantrieb $i = \dfrac{\text{Motordrehzahl } n_m}{\text{Auslegerdrehzahl } n_a}$ wobei

$n_a = \dfrac{v \cdot 60}{2 \cdot a \cdot \pi}$. ($a$ = Ausladung).

Die theoretische Motorleistung ist $N_{\cdot} = \dfrac{M_s \cdot \omega}{102}$ kW.

Die tatsächliche Motorleistung $N = \dfrac{M_s \cdot \omega}{102 \cdot \eta}$ kW, wobei η der Wirkungsgrad des Vorgeleges und $\omega = \dfrac{v}{a} \cdot {}^1/_{sec}$.

V. Sicherheitsvorrichtungen

Der Kranführer muß die Last und sämtliche vorkommenden Bewegungen — Heben, Senken, Fahren, Drehen, Wippen und Lastaufnehmen — jederzeit in seiner Gewalt haben und muß seinen Dienst ohne Gefahr für sich und andere versehen können. Für die letztere Bedingung ist außer dem eigenen Ermessen des Konstrukteurs noch zu beachten die „Sammlung der Unfallvorschriften des Verbandes Deutscher gewerblicher Berufsgenossenschaften. 8. Hebezeuge“. Diese beziehen sich im wesentlichen auf Anordnung von Bedienungsbühnen mit Bordleisten und Geländern, auf die Ausstattung und Zugänglichkeit der Führerstände, auf Schutzmaßregeln an Triebwerken, elektrischen Schaltern und Schleifleitungen, auf Endpuffer, Endschalter und Radbruchstützen und auf Prüfung und Abnahme der Krane mit einer Probelast.

Die Sicherheitsvorrichtungen, die mit der Beherrschung der Bewegungen zusammenhängen, also Gesperre, Bremsen und einige Feststellvorrichtungen sollen im folgenden beschrieben werden.

A. Allgemeine Gliederung

Je nach der Art, wie die Kran- und Lastbewegungen beeinflußt werden sollen, unterscheidet man

Regulierbremsen, welche eine vorhandene Bewegung beliebig oder in bestimmten Abstufungen verzögern sollen,

Stoppbremsen, Endpuffer und Endschalter, welche eine vorhandene Bewegung vernichten sollen und

Haltebremsen, Gesperre und Schienenzangen, welche das unbeabsichtigte Eintreten einer Bewegung verhüten sollen.

Oft kann eine und dieselbe Bremse 2 oder 3 dieser Aufgaben übernehmen. Selbsthemmende Schnecken- oder Schraubengetriebe machen Bremsen oder Gesperre überflüssig.

Gemeinsame konstruktive Grundlage ist ein Drehteil, der zwangläufig mit dem Getriebe bezw. mit der Last verbunden ist. Bei Bremsen wird der Drehteil durch Reibungskräfte oder elektromagnetisch im gewünschten Sinn beeinflußt, bei Gesperren durch Zahneingriff oder durch eine Klemmkraft.

Gesteuerte Bremsen werden durch Hand- oder Fußhebel, durch Schraubenspindeln, durch elektrische, pneumatische oder hydraulische Anstellvorrichtungen entweder willkürlich angezogen oder sie bleiben im Ruhezustand durch Gewichts- oder Federwirkung angezogen und werden durch obige Mittel willkürlich gelüftet um das Getriebe zur Arbeit freizugeben (Lösungsbremsen.)

Selbsttätige Bremsen sind ohne Zutun von außen her unmittelbar vom Triebwerk abhängig. Die eine Art (Schleuderbremsen) tritt von selbst in Tätigkeit, wenn das Triebwerk eine bestimmte Grenzgeschwindigkeit überschritten hat. Die andere nur bei Hubwerken mögliche Art (Lastdruckbremsen) setzt der Senkbewegung einen der Größe der Last proportionalen von dieser selbst herrührenden Bremswiderstand entgegen, der durch äußeren Antrieb überwunden werden muß.

B. Bauformen

1. Gesperre

a) Zahngesperre (Abb. 197, 198, 199)

Der Eingriff von Klinke und Sperrad verhindert freien Lastrücklauf. Das gezahnte Sperrad aus Guß, Stahlguß oder Stahl ist aufgekeilt auf einer Triebwerkswelle, die mit der Last in starrer Verbindung steht. Die Drehbolzen der eingreifenden Klinken sind am festen Windenrahmen oder an einem Maschinenteil befestigt, der vorübergehend am Windenrahmen fest-

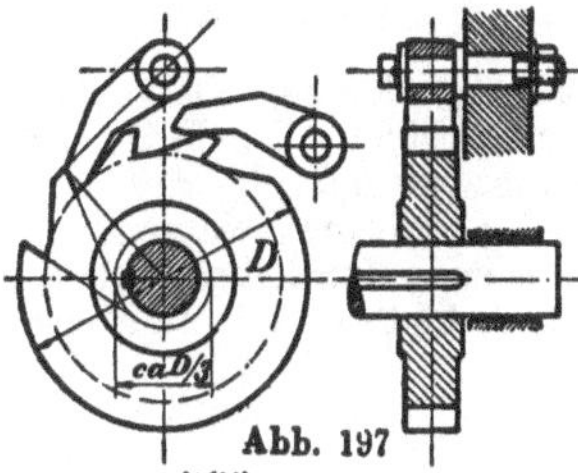

Abb. 197

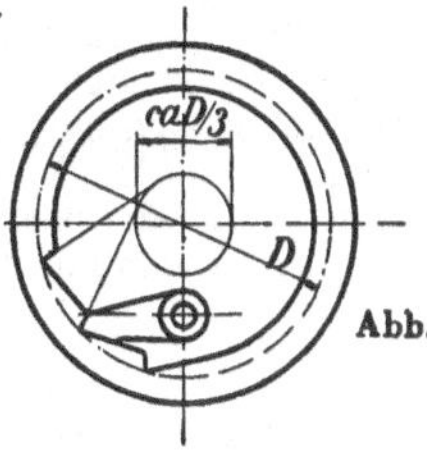

Abb. 198

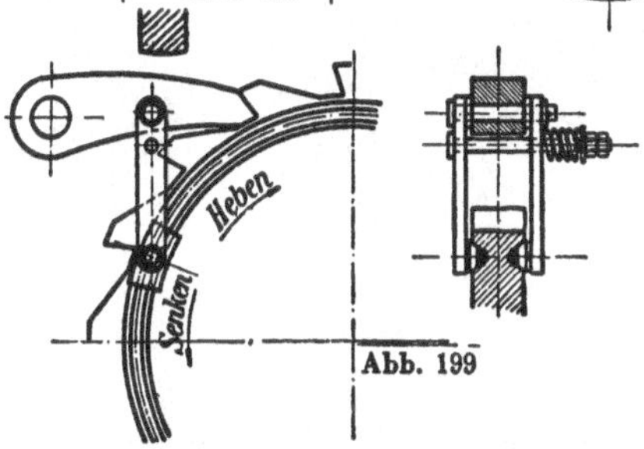

Abb. 199

gelegt werden kann. Zähne und Klinke werden auf Biegung berechnet mit nur mäßigen Beanspruchungen, da beim Einfallen Stöße auftreten und ein Bruch das Stürzen der Last zur Folge hätte. Das Moment des Zahndrucks um den Klinkendrehpunkt soll = 0 oder klein sein und so liegen, daß es die Klinke in den Zahn hineindrückt. Die Zahnbrust wird meist etwas zurückgeschnitten. Um den freien Rückschlagweg bei der Bewegungsumkehr zu verkleinern, werden oft 2 oder 3 Klinken am Umfang, um ½ bzw. ⅓ Teilung versetzt, angebracht (Abb. 197).

Beim Heben gleitet die Klinkenspitze auf dem Rücken der Zähne. Um nun besonders bei größeren Drehzahlen das lästige Klappern der Klinken zu vermeiden, kann man die Klinke in der Weise steuern, daß ein vom Sperrad je nach Bewegungsrichtung durch Reibung mitgenommenes Gleitstück exzentrisch an der Klinke eingreift und sie beim Heben aushebt, beim Senken in die Zähne hineindrückt. (Geräuschlose Klinken, Abb. 199 u. 214.)

b) Klemmgesperre (Abb. 200 u. 201)

Exzentrisch um Festpunkte pendelnde Klemmdaumen werden in der Ruhe durch Eigengewicht oder Federwirkung (Abb. 200) leicht gegen eine Scheibe gedrückt, die mit der Last verbunden ist. Will die Scheibe im Pfeilsinn ablaufen, so wird die Umfangsreibung durch zunehmende Kniehebelwirkung sehr rasch bis zum Festklemmen gesteigert. Praktisch stellt man die

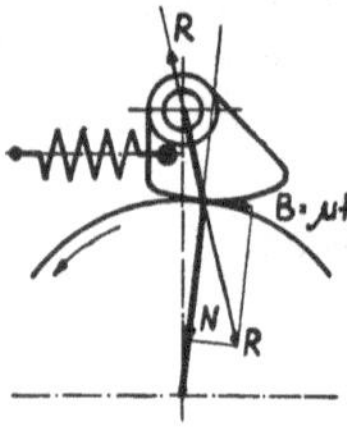

Abb. 200

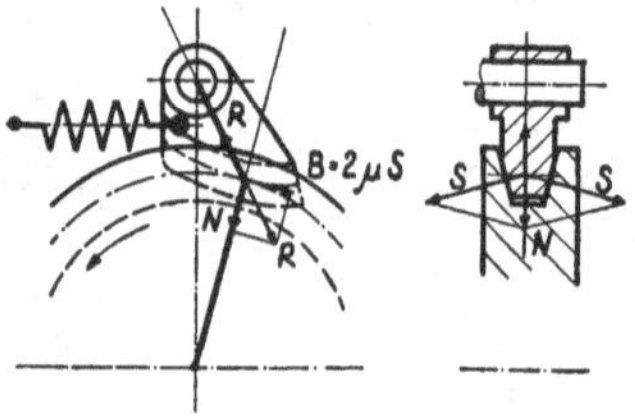

Abb. 201

Daumen einander paarweise gegenüber, um die Kniehebeldrücke auszugleichen. Die Gefahr des „Durchdrückens" abgenutzter Daumen wird verringert, wenn man statt glatter Lauffläche die Keilnutenform (Abb. 201) wählt. Der radiale Anpressungsdruck N vergrößert sich dabei auf $2\,N/2\sin\beta$ ($\beta =$ halber Keilnutenwinkel) und man braucht bei gleicher Bremswirkung nicht so scharf an die gefährlichen gestreckten Kniehebelstellungen heranzugehen. Das Klemmgesperre ist geräuschlos und hat gegenüber dem Zahngesperre den Vorteil unabhängig von einer Zahnteilung in jeder Stellung zu greifen.

2. Gesteuerte Bremsen

a) Backenbremsen (Abb. 202)

Klötze von Gußeisen oder Holz, häufig noch mit Leder oder Ferrodofiber belegt, werden mit der Kraft N radial gegen die Bremsscheibe angedrückt, welche von einem Moment M' (z. B. Lastrücktriebmoment bei Hubwerken) gedreht oder zu drehen gesucht wird. Der Backendruck N wird meist mit Hebelübersetzung durch eine Kraft K (Hand, Fuß, Schraubenspindel, Feder, Gewicht) hervorgerufen. An der Bremsscheibe wirkt nun $\mu \cdot N \cdot r$ dem gegebenen Antriebsmoment $M' = P' \cdot r$ entgegen. Für Stopp- und Haltebremse muß $\mu N > P'$, für Regulierbremse $\mu N < P'$ gemacht werden. Vom Grenzfall, wo μN eben $= P'$ ist, geht man aus, um den nötigen Anpressungsdruck K aus dem Gleichgewicht der am Bremshebel wirkenden Kräfte zu bestimmen.

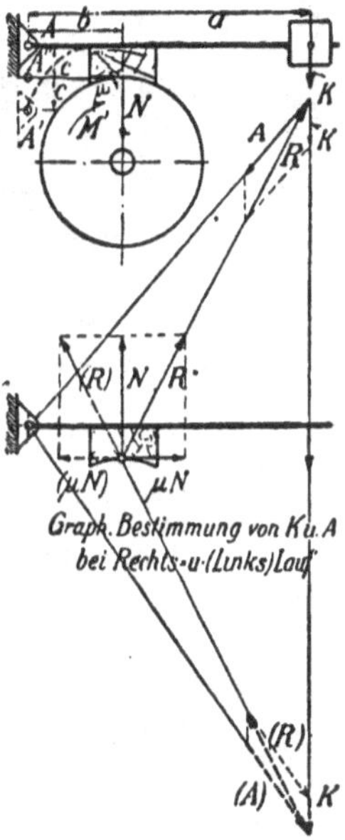

Abb. 202

Bei der graphischen Lösung ist die Resultante von N und μN nach Größe und Richtung, K nach Richtung bekannt. Durch den Schnittpunkt der beiden geht auch die Richtung des Auflagerwiderstands A. Die Größe von K und A ergibt das Kräftedreieck. Rechnerisch findet man K aus der Momentengleichung um A: $Ka = Nb + \mu Nc$. Das Moment μNc wird dabei negativ, entweder, wenn A nach A' verlegt oder die Drehrichtung von M' umgedreht wird.

Bei der Backenbremse hat also das Bremsgewicht K bei verschiedener Richtung des Moments M' etwas verschiedene Bremswirkung. Es kann aber diese Unstimmigkeit hier leicht beseitigt werden, indem man den Hebeldrehpunkt A in die Tangente am Berührungspunkt, nach A'' verlegt, also den Hebelarm c und damit $\mu Nc = 0$ macht.

Die verhältnismäßig große radiale Achsbelastung $N = P'/\mu$ ist besonders bei leichten raschlaufenden Bremswellen ein Nachteil der einfachen Backenbremse, die daher nur selten, und nur für kleine Kräfte benutzt wird. Bei der fast immer bevorzugten Doppelbackenbremse (Abb. 203) liegen sich 2 Backen diametral gegenüber und geeignete Ausgleichgestänge sorgen dafür,

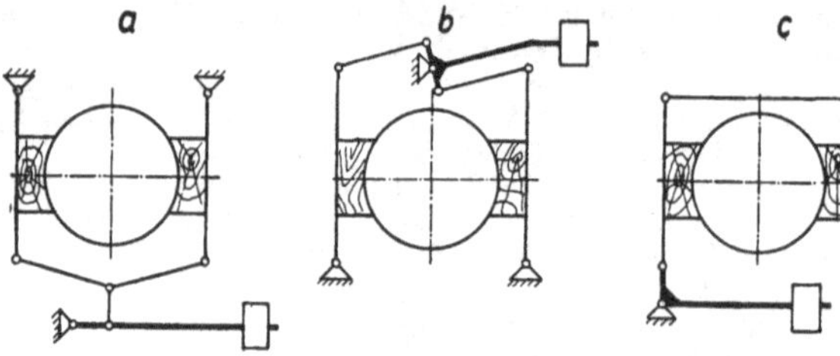

Abb. 203

daß sich N_1 und N_2 ganz oder doch beinahe aufheben. Die 3 Festpunkte der Gestänge (Abb. 203 bei Ausführung *a* und *b*) können wohl gelegentlich an vorhandenen Bauteilen bequem befestigt werden, bei freier Aufstellung der Bremse auf einem Katzenrahmen würden sie aber einen besonderen störenden Stützrahmen erfordern. Für diesen häufigen Fall haben sich Ausgleichgestänge nach *c* in Abb. 203 u. Abb. 204 eingebürgert, die nur zwei Festpunkte auf einer Seite (unten oder oben) nötig machen.

Die Berechnung einer solchen Bremse zeigt folgendes Beispiel: Entwurf einer Stopp- und Haltebremse für die 3-t-Hubwinde (S. 11 und Abb. 10), deren Rücktriebmoment M' auf die als Bremswelle vorgesehene Motorwelle 4,15 mkg = 415 cmkg beträgt. Gewählt werde hier Durchmesser 250, Breite 80 mm, — nicht unnötig groß, um Schwungmassen und Bremsgestänge klein zu halten und da bei Haltebremsen infolge kurzzeitiger Bremsreibung die Erwärmung nicht maßgebend ist. (Bei Senkbremsen sind je nach den zu erwartenden Bremszeiten größere Bremsscheiben wegen besserer Wärmeabfuhr zu wählen.) Da das Rücktriebmoment durch den Auslauf der bewegten Massen (s. VII A) vergrößert wird, rechnet man mit 2- bis 3fachem Sicherheitszuschlag. Damit wird die abzubremsende Umfangskraft $P = \frac{3 \cdot 415}{25/2} = 100$ kg. Nun wird das

Bremsgestänge frei entworfen, etwa nach Abb. 204. Die Backenhebel-Drehpunkte A, B, C und F werden zweckmäßig in die Berührungstangenten der Backen verlegt, damit die Reibungskräfte μN keine störenden Momente geben, so daß durch Gleichheit der Backendrücke $N_1 = N_2$ keine Querbelastung auf die Motorwelle kommt.

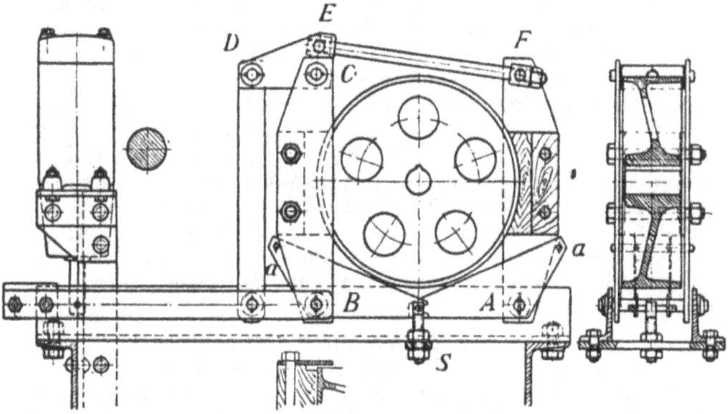

Abb. 204

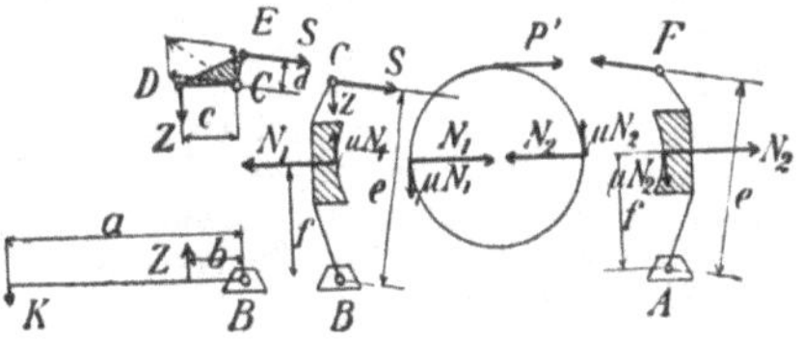

Abb. 205

Das Bremsgewicht und die Kräfte im Gestänge werden durch Untersuchen der einzelnen Bauteile hintereinander bestimmt, die hierzu in Abb. 205 auseinandergelegt sind. Ist das Bremsgewicht $= K$ kg, so ist $Z = K \cdot a/b$. Am Dreieckshebel CDE wird $S = Z \cdot c/d = K \cdot a/b \cdot c/d = K \dfrac{35 \cdot 8}{8 \cdot 3{,}5} = 10\,K$. Am rechten Backenhebel ist $N_2 = S \cdot e/f = 10 \cdot K \cdot 27/15$. Am linken Backenhebel wirken die Zapfenkräfte in C vom Dreieckshebel her, wobei Z kein Moment gibt, also $N_1 = S \cdot e/f$. Es ist dadurch bewiesen, daß beide Drücke $N_1 = N_2 = N = 10\ K \cdot 27/15 = 18\ K$.

An der Bremsscheibe ist nun $\mu N_1 + \mu N_2 = 2\ \mu N = P' = 100$ kg, also mit $\mu = 0 \cdot 25$ für Holz, $N = 200$ kg und $K = 200/18 = 11{,}1$ kg.

Sollen beim Öffnen der Bremse die Backen um je $s = 2$ mm gelüftet werden, so ist die Lüftarbeit für das Gestänge $= 2 \cdot 0{,}2 \cdot N$ cmkg $= 0{,}4 \cdot 200 = 80$ cmkg. Hierzu paßt ein Bremslüftmagnet nach Liste von 19 kg Zugkraft und 6 cm Hub = 114 cmkg, weil man wegen des Backenverschleißes den Hub nicht ganz, also hier nur mit 4,2 cm ausnützt. Das Moment am Gewichtshebel ist $K \cdot a = 11{,}2 \cdot 35 = 390$ cmkg. Der Lüftmagnet muß also (entgegen der Zeichnung) an einem Hebelarm von $390/19 = 20{,}5$ cm angreifen. Das Ankergewicht des Magnets von 2,6 kg am Hebel 20,5 und das Eigengewicht des Gewichtshebels von 1 kg am Hebel 20, zusammen 53 cmkg geben ein Restmoment von $390 - 73 = 317$ cmkg, das durch das endgültige Bremsgewicht von 9 kg am Hebelarm 35 cm aufgebracht wird.

Bei den Bremslüftmagneten, die für Gleich- und Drehstrom geliefert werden, wird gleichzeitig mit dem Motor eine Spule eingeschaltet, die den Anker, einen Eisenkern, zum entstandenen Magnetpol heraufzieht. Beim Abschalten des Stroms fallen Eisenkern und Gewichtshebel schlagartig ab, wenn auch gedrosselte Luftkanäle im Gehäuse eine gewisse Dämpfung hervorrufen. Weichere Bremsung geben der Eldrolüfter (AEG) und der Motordrücker (SSW). Beim Eldrolüfter treibt ein kleiner Motor eine Ölschleuderpumpe an, welche in gleichförmiger Bewegung einen Kolben mit aufsitzendem Gestängerahmen gegen den Bremshebel hochdrückt. Nach dem Abschalten fließt das Öl wieder zurück. Beim Motordrücker setzt ein kleiner Motor eine Art Fliehkraftregler in Drehung, dessen Verschiebemuffe die Druckwirkung auf den Bremshebel überleitet.

Wegen weicherer Bremsung werden heute Federn statt der Bremsgewichte in zunehmendem Maße vorgezogen. Ein Beispiel mit Feder und „Eldrozwerg" für die Hubwerksbremse der 3-t-Winde gibt Abb. 206. Die Bremsbacken sind hier mit Bremsbelag versehen, so daß $\mu = 0{,}35$ gesetzt werden kann; damit wird $N = \frac{100}{2 \cdot 0{,}35} = 143$ kg an beiden abgekröpften

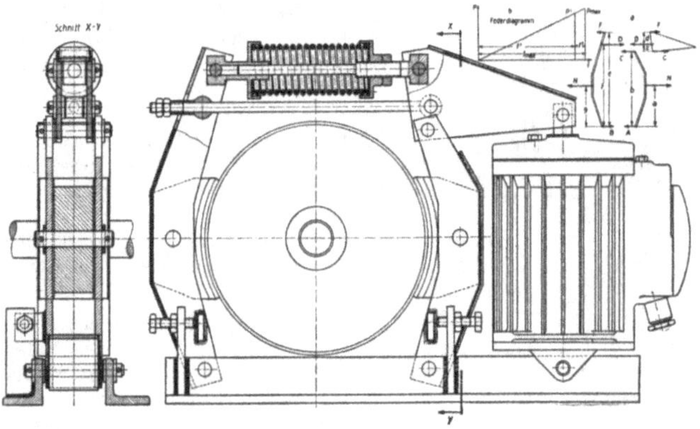

Abb. 206

Backenhebeln. Die nötige Federkraft F erhält man aus einer schrittweisen Berechnung der zwischen den Bauteilen des Gestänges wirkenden Kräfte (Abb. 206a):

Rechter Backenhebel: $C = N \cdot a/b = 143 \cdot 14/25{,}5 = 78{,}5$ kg.

$A = 143 - 78{,}5 = 64{,}5$ kg.

Winkelhebel: $C \cdot c/d = 78{,}5 \cdot 2{,}5/4 = 49$ kg als Federkraft bei geschlossener Bremse.

$D = C + F = 78{,}5 + 49 = 127{,}5$ kg.

Linker Backenhebel: $N = \dfrac{D \cdot f - F \cdot e}{g} = \dfrac{127{,}5 \cdot 28 - 49 \cdot 32}{14} = 143$ kg.

$B = 143 + 49 - 127{,}5 = 64{,}5$ kg.

Sollen beide Backen je um 2 mm gelüftet werden, so ist die Lüftarbeit $2 \cdot 0{,}2 \cdot 143$ cmkg $= 57{,}2$ cmkg. Lüftweg f'' an der Feder somit $57{,}2/49 = 1{,}165$ cm. Wählt man eine Vorspannung um 10 cm bei 49 kg, so erhält man dadurch aus dem Federdiagramm (Abb. *b*) eine maximale Federkraft von 54,7 kg. Macht man das Verhältnis Windungsdurchmesser D/zu Drahtdurchmesser $d = 9$ so erhält man eine weiche Feder mit $D =$ 49 mm, $d = 5{,}5$ mm und eine Windungszahl von $i = 17$. Das Eldrolüftgerät „Zwerg" hat eine Lüftarbeit von 75 kgcm, während die Lüftarbeit gegen die Feder nur $1/2\,(F + F_{max}) \cdot f'' =$ $1/2\,(49 + 54{,}7)\,1{,}165 = 60{,}5$ kgcm beträgt.

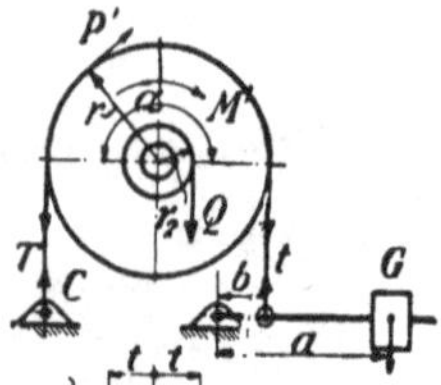

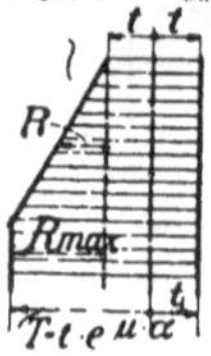

Abb. 207

b) Bandbremsen (Abb. 207)

Die Bremswirkung beruht auf der Seite 38 besprochenen Seil- oder Bandreibung. Ein Stahlband, in C gelenkig am Windengerüst befestigt, wird über die Scheibe gelegt und am freien Ende durch die konstante Kraft t belastet, welche meist mit Hebelübersetzung erzeugt wird durch Druck mit Hand oder Fuß, durch Federkraft oder Bremsgewicht G entsprechend der Momentengleichung $t \cdot b = G \cdot a$.

Wirkt ein zunächst klein angenommenes Last-Rücktriebmoment $M' = Q \cdot r_2 = P' \cdot r$ direkt oder mit Übersetzung auf die Bremsscheibe, so sucht diese durch Haftreibung R das Band im Senksinn mitzunehmen und spannt damit das feste Bandende bei C unter elastischer Dehnung auf $t + R = t + P'$, ohne daß eine Bewegung der Scheibe eintritt. Erst wenn man die Last und damit M', P', R und die linke Bandspannung immer mehr anwachsen läßt, so wird in einem bestimmten Augenblick der Grenzzustand erreicht, wo die Umfangskraft P' den Höchstwert der Haftung R_{max} überschreitet und die Scheibe unter dem Band wegzugleiten beginnt. Jetzt ist die Spannung im linken Bandende zu $T = t + R_{max} = t \cdot e^{\mu\alpha}$ geworden. Das Verhältnis dieses Grenzwerts T zum gegebenen t ist also für jede Bremse festgelegt durch den Reibungswert μ und den vorhandenen Umspannungswinkel α, ist aber unabhängig von der Abmessungen der Scheibe. Nach dem Gesetz von Aktion und Reaktion wirkt die Reibungskraft R bzw. R_{max}, welche das Band im Uhrsinn mitzuziehen sucht, umgekehrt an der Scheibe als die gewünschte Bremskraft im Gegenuhrsinn.

Ist also die abzubremsende Kraft $P' = M'/r < R_{max}$, so hat man eine Haltebremse, wenn die Scheibe ruht, eine Stoppbremse, wenn die Scheibe anfangs in Bewegung war. Ist $P' > R_{max}$, so hat man eine Regulier- oder Senkbremse, bei welcher die im Senksinn wirkende Umfangskraft von P' auf $P' - R_{max}$ verkleinert wird.

Beispiel für den Entwurf einer Bandbremse für dasselbe Hubwerk 3 t wie Backenbremse (S. 144). Daher, wie dort, Rücktriebmoment, Scheibendurchmesser, 3fache Sicherheit also abzubremsende Umfangskraft $P' = 100$ kg. Bremsbandstärke 2 mm. Das Band wird mit 25 mm starken Pappelholzklötzen „gefüttert". Band und Bremshebel werden frei skizziert (Abb. 208), wobei sie den örtlichen Verhältnissen in recht verschiedener Weise angepaßt werden können. Auf alle Fälle

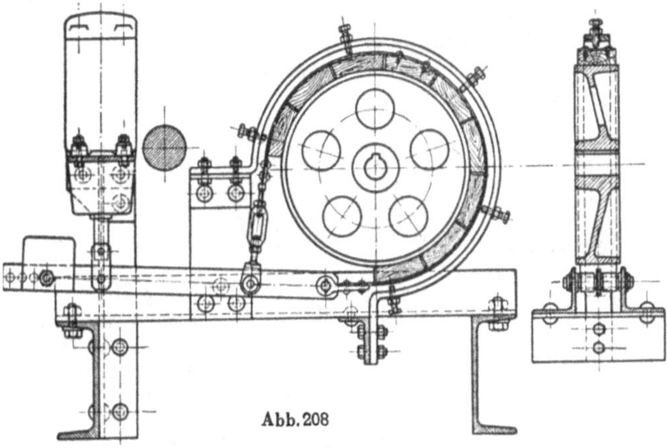

Abb. 208

aber muß die Umfangskraft P' das Band vom Festpunkt wegzuziehen suchen. Unbrauchbar wäre Anordnung des Bands nach Abb. 209, wo M' und P' nach dem Festpunkt hin wirkt, das Band entspannt und wo das Bremsgewicht $e^{\mu\alpha} + 1$ mal größer sein müßte.

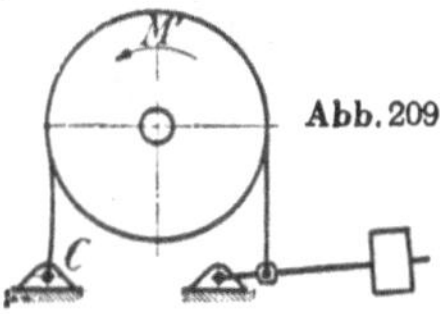

Abb. 209

Mißt man den umspannten Winkel α aus der Skizze $= 265°$

$$\text{so ist } e^{\mu\alpha} = e^{0,25 \cdot 2\pi \cdot \frac{265°}{360°}} = e^{1,16} = 3,19$$

(Reibungsbeiwert μ für Stahlband $= 0,15$, für Holzfutter 0,25, für Bremsbelag $= 0,35$).

Die gesuchte Belastung t des freien Bandendes durch das Bremsgewicht am Hebel oder durch eine Feder erhält man aus der Grenzfallbeziehung $T = t + P' = t \cdot e^{\mu\alpha}$, also $t = \frac{P'}{e^{\mu\alpha} - 1} = \frac{100}{2,19}$ $= 46$ kg.

Die nötige Lüftung s des Bandendes t ist bei $^3/_4$ Umschlingungen etwa $= 10$ mm entsprechend einer radialen Lüftung von 2 mm. Die Lüftarbeit ist also $= t \cdot s = 46 \cdot 1$ cmkg, also kleiner als bei der Backenbremse; deshalb oft auch kleinerer Magnet möglich. Bestimmung des Magnets, der Hebelarme am Bremshebel und des eigentlichen Bremsgewichts nach gleichem Verfahren wie bei der Backenbremse.

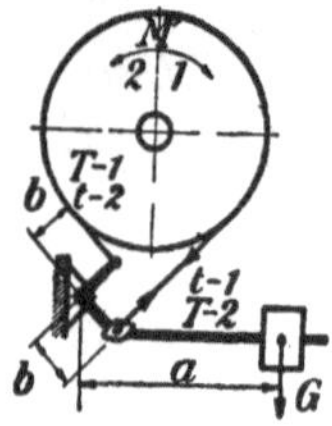

Abb. 210

Will man Momente abbremsen, die nicht wie beim Hubwerke nur in einer, sondern abwechselnd in beiden Richtungen wirken, wie bei Fahr- und Drehwerken, so kann man die Summenbremse anwenden (Abb. 210), bei der T und t gleichsinnig und mit gleichen Hebelarmen am Bremshebel angreifen. Das Bremsgewicht wird allerdings $e^{\mu\alpha}+1$ mal größer.

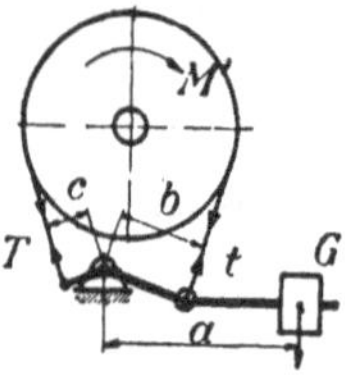

Abb. 211

Bei Handbetrieben kann man die Größe des Hebeldrucks dadurch wesentlich verkleinern (Abb. 211), daß man die Bandkraft T an einem Hebelarm c, aber im Gegensinn von $t \cdot b$ angreifen läßt. $G \cdot a$ wird dann nur noch $= t \cdot b - T \cdot c$. Man beachte aber, daß man bei dieser Differentialbremse c nicht zu groß werden lassen darf, denn mit $T \cdot c = t \cdot b$ würde $G \cdot a = 0$ und es träte Selbsthemmung ein.

Sehr kräftig wirkende Bremsen auf Wellen mit großen Momenten kann man durch Vergrößerung des Umschlingungswinkels α erreichen, indem man ein Band mit nahezu quadratischem Querschnitt aus Stahl in 2 oder mehr Windungen schraubenförmig um die Scheibe legt (Schlingbandbremse).

Die Band- und die Backenbremse sind im allgemeinen gleichwertig. Die Bandbremse ist billiger und räumlich schwierigen Verhältnissen viel leichter anzupassen. Sie setzt aber auf die Bremswelle eine kräftige Biegungskraft ab, welche bei der Doppelbackenbremse vermieden ist. Für länger dauernde Senkbremsungen (Bremsberge u. ä.) ist die Bandbremse vorzuziehen, da die größere Reiboberfläche die entstehende Reibungswärme besser ableiten kann. Für Drehwerke und Fahrwerke mit wechselnder Richtung des abzubremsenden Moments hat die

Backenbremse bei gleichem Bremsgewicht verhältnismäßig kräftigere Wirkung als die Summenbandbremse.

c) Sperradbremsen

Bei älteren Bauwinden findet man als Haltebremse ein Zahngesperre mit einer am Windengestell gelagerten Klinke, welche beim Heben klappernd über den Rücken der Sperrzähne gleitet und beim Loslassen der Handkurbel die Last abstützt. Soll gesenkt werden, so muß die Klinke von Hand ausgehoben und umgelegt, eine Bandbremse zum Regeln der nun eintretenden freien Senkbewegung durch Handhebel nach Bedarf angezogen werden. Diese Anordnung ist insofern gefährlich, als bei fahrlässiger oder ungeübter Bedienung versäumt wird, die Klinke nach jedem Senken wieder einzulegen. Wird der Fehler gar nicht oder zu spät bemerkt, so kann Absturz der Last die Folge sein.

Bei der Sperradbremse wird (Abb. 212) durch geschickte Anordnung derselben Bauteile ein gefahrloser „narrensicherer" Betrieb gewährleistet. Nur das Sperrad *s* ist aufgekeilt und mit der Lastwelle starr verbunden. Die Bremsscheibe *b* läuft lose auf ihrer Welle, wird aber im Ruhezustand und beim Heben durch ein gewichtsbelastetes Band *c* am Windengestell festgemacht. Die Klinkendrehbolzen *d* sitzen nicht mehr im Gestell, sondern in der Bremsscheibe.

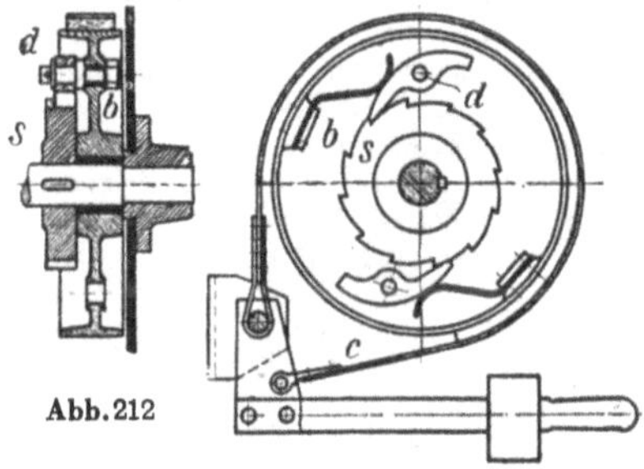

Abb. 212

In der Ruhe stützt sich die Last über Sperrzahn, Klinke, Bremsscheibe und festgezogenes Bremsband auf das Gestell ab. Beim Heben gleiten die Sperrzähne unter den Klinken durch. Zum Senken brauchen die Klinken nicht mehr ausgehoben zu werden. Das Sperrad treibt die Klinken samt der Bremsscheibe im Senksinn zurück, sobald die Bremse — zugleich zum Regeln der Senkgeschwindigkeit — am Handhebel gelüftet wird. Da die Klinken hierbei umlaufen, müssen sie durch Federn in ihrer Lage gehalten werden.

Sperradbremsen werden in verschiedenen Ausführungen — auch mit Innengesperre, Backenbremsen und mit Klemmgesperren gebaut und verbinden Stopp-, Regulier- und Haltebremse in einer Vorrichtung. Sie werden sehr viel für Hubwerke mit Betrieb von Hand oder mit Verbrennungsmotoren benutzt; bei elektromotorischem Antrieb nur dann, wenn weder Lüftmagnet, elektrische Senkbremsung noch selbsttätige Bremsen in Frage kommen.

d) Sicherheitskurbeln

Eine weitere, durch die Sperradbremse noch nicht behobene Gefahr bei Handkurbelwinden bildet das freie Herumschlagen der Kurbeln, wenn die Last ungenügend gebremst wird und zu rasch abläuft. Die Sicherheitskurbel macht die Senkbewegung nicht mit. Der Grundgedanke der meisten sehr mannigfaltigen Ausführungen ist die Abstützung der Last im Ruhezustand durch das Schließen einer Reibungskupplung zwischen Last und Sperrrad mit Hilfe einer Feder. Beim Heben gleiten die Klinken über die Zähne bei geschlossener Kupplung. Zum Senken wird die Kupplung gegen die Feder gelöst, die Last freigegeben, indem die Kurbel im Senksinn gegen die Federwirkung zurückgedrückt und so lange festgehalten wird, bis die erreichte Senkgeschwindigkeit wieder Bremsung durch Nachlassen der Kurbel und dadurch entsprechend starkes Einrücken der Reibungskupplung erfordert.

Im Ausführungsbeispiel (Abb. 213) sind die einander zugekehrten Nabenstirnen von Sperrad *S* und Kurbel *K* als

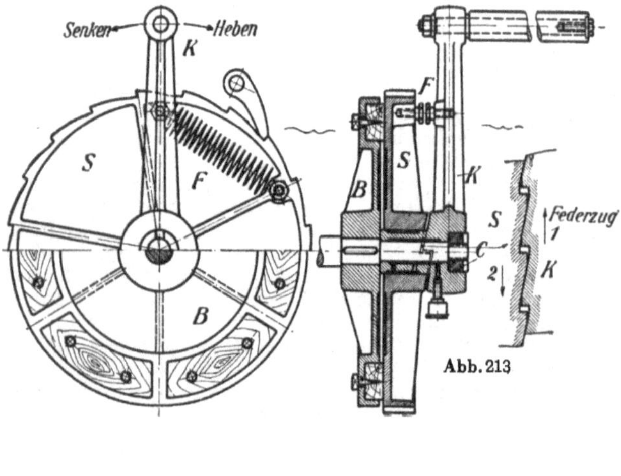

Abb. 213

Schraubenflächen ausgebildet. Im Ruhezustand werden sie durch die Feder *F* im Sinne der Pfeile 1 und 2 gegeneinander gezogen, so daß *S* und *K* axial auseinanderstreben, bis ein Kupplungsschluß aller Teile zwischen der aufgekeilten Bremsscheibe *B* einerseits und dem Bund *C* an der Kurbel andererseits hergestellt ist. Die Last stützt sich auf die Klinke ab. Die im Hubsinn bewegte Kurbel wirkt wie die Feder. Das gekuppelte Sperrad gleitet unter der Klinke weg. Zum Senken wird die Kurbel im Senksinn gegen die Federkraft soweit zurückgedrückt, bis die abgleitenden Schraubenflächen die Klemmwirkung beseitigt und die Last freigegeben haben. Sinkt die Last zu rasch, so kann man durch beliebiges Nachlassen der Kurbel die Bremskraft der Feder wieder mehr oder minder zur Geltung bringen.

3. Selbsttätige Bremsen

a) Lastdruckbremsen

Wie bei der Sicherheitskurbel ist in der Ruhe und beim Heben ein Gesperre, auf das sich die Last abstützen kann, mit der Lastwelle durch Reibung gekuppelt. Während jedoch dort die Kupplung durch eine Feder mit konstanter Anpressungskraft geschlossen wurde, so erreicht man hier den Vorteil, daß die Schließkraft der Kupplung der jeweiligen Last proportional ist, indem der Rückdruck der Last selbst dazu herangezogen wird.

Bei der Senksperrbremse wird die Kupplung beim Senken gelüftet, bei der Drucklagerbremse dagegen bleibt die Kupplung geschlossen und muß beim Senken mit äußerer Kraft durchgezogen werden.

Die zahlreichen Bauarten der Lastdruckbremsen unterscheiden sich 1. durch die Art, wie der Rückdruck der Last konstruktiv abgeleitet wird. Es werden benutzt der Axialdruck in der Schnecke und im Schraubengetriebe, die Seitenkomponenten des Zahndrucks von Kegelrädern und einfachen Schrägzahnrädern und die Auflagerkraft des festen Seilturms bei losen Rollen; 2. durch die Art der Reibungskupplung. Es kommen vor die Kegelkupplung, die Teller-, Spreizring-, Schlingband-, Lamellen-, Bremsbandkupplung u. a.

Die früher viel gebrauchte Senksperrbremse (Abb. 214) findet nur noch Anwendung bei reinen Stirnradwinden mit Haspelradantrieb. Im Ruhezustand sucht der als Zahndruck *Z* auftretende Rückdruck der Last das Ritzel im Gegenuhrsinn zu drehen. Da dieses als Flachgewindemutter ausgebildet ist, schraubt es sich dabei auf der Spindel nach rechts und preßt das Sperrad zwischen den beiden Reibflächen fest

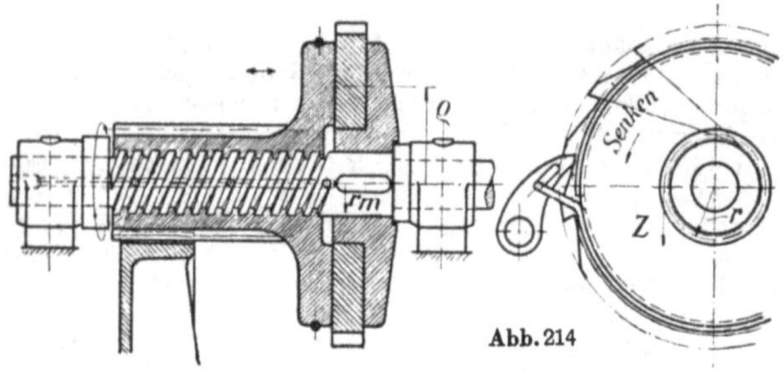

Abb. 214

mit einer Axialkraft $P_a = \frac{Z \cdot r}{r_m} \cdot \frac{1}{\operatorname{tg}(\alpha + \varrho)}$. Die Last stützt sich somit auf die am Windengerüst festliegende Sperrklinke ab, sobald das Reibungsmoment in der Kupplung größer ist als das Rücktriebmoment der Last: $2 \mu P_a \cdot \varrho > Zr$, was durch entsprechende Wahl von ϱ, dem mittleren Halbmesser der Reibfläche, immer erzielt werden kann. (Eventuell Lamellenbremse s. u.)

Wird die Welle durch Haspelradantrieb im Hubsinn gedreht, so schraubt sich das linksgängige Mutterritzel ebenfalls nach rechts; die Kupplung bleibt geschlossen; die Sperrzähne gleiten unter der Klinke weg.

Wird die Welle durch das Haspelrad im Senksinn gedreht, so schraubt sich das Ritzel nach links; die Kupplung wird gelöst; die Last kann frei fallen und treibt nun ihrerseits das Ritzel mit zunehmender Geschwindigkeit im Senk- also Gegenuhrsinn an. Da aber diese Ritzeldrehung mit einer Schraubung nach rechts verknüpft ist, so wird in dem Augenblick, wo die zunehmende Drehzahl des Ritzels die vom Haspeln herrührende konstante Drehzahl der Welle erreicht und überschreitet, eine axiale Bewegungsumkehr des Ritzels nach rechts eintreten; die Last bremst sich wieder an den Reibflächen ab, verlangsamt sich, so daß die Ritzeldrehzahl wieder unter die Wellendrehzahl sinkt; neues Lösen der Kupplung usw. in wechselndem Lüftspiel.

Die Drucklagerbremse (Abb. 215) ist ein regelmäßiger Bestandteil von Handflaschenzügen und Handwinden mit Schnecken- und Schrägzahnradantrieb, da sie den dort zu stellenden Anforderungen auf gedrängteste Bauart und einfachste betriebssichere Bedienung ausgezeichnet entspricht. Bei elektrischem Antrieb wird sie gelegentlich auch heute noch eingebaut, wenn aus Betriebsgründen eine selbsttätige Bremse der handbedienten elektrischen Senkbremsung vorzuziehen ist.

Beim Schneckenflaschenzug wirkt der Rücktrieb der Last an der Schneckenwelle einmal als Axialdruck $P_a = \frac{Qr}{r_1}$ und dann als Rücktriebmoment $M' = P_u r_m = P_a \cdot \operatorname{tg}(\alpha - \varrho) \cdot r_m$. Der Axialdruck P_a schließt die Kegelkupplung und verhindert den Lastrücklauf, sobald das Reibungsmoment in der Kupplung $M_r = 2\mu N \cdot \varrho > M'$ wird. Die Normaldrücke N ergeben sich aus dem Krafteck am Kegel zu $N = \frac{P/2}{\sin \beta}$ (β meist in der Gegend von 22°). Aus der Gleichung erhält man die nötige Größe von ϱ (μ ist dabei vorsichtig mit etwa 0,08 anzunehmen). Da P_a seine Richtung stets beibehält, so bleibt die Kupplung geschlossen, wenn die Schneckenwelle vom Haspelrad im Hubsinn gedreht wird mit $M_h = P_a \cdot \operatorname{tg}(\alpha + \varrho)\, r_m$. Die Klinken gleiten über die Sperrzähne weg.

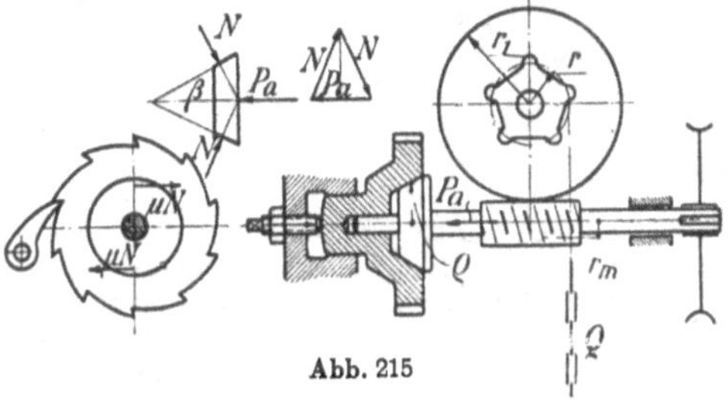

Abb. 215

Zum Senken muß ein besonderes Moment M_s auf die Schneckenwelle ausgeübt werden, um den Überschuß des Reibungsmoments M_r über das Rücktriebmoment M' zu überwinden. $M_s = M_r - M'$ muß also um so größer sein, je größer die Sicherheit in der Haltebremse ist.

An Stelle der Kegelkupplung tritt oft eine der anderen oben genannten Kupplungsarten. Große Momente bei kleinem Platzbedarf kann die Lamellenbremse (Abb. 216) aufnehmen, bei der n Sperräder lose zwischen $n+1$ axial zusammenschiebbaren, mit der Welle auf Drehung verbundenen Platten eingeschaltet sind. Die Bremswirkung steigert sich entsprechend der Zahl der Reibflächen, da $M_r = 2\,n \cdot \mu\, P_a\, \varrho$ ist.

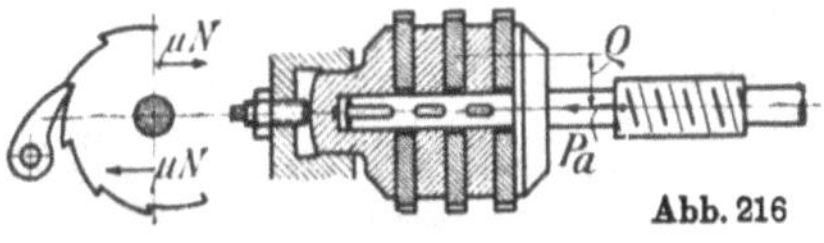

Abb. 216

Bei motorischem Antrieb muß für Wärmeableitung gesorgt werden. Man läßt daher die Bremse im Ölbad laufen.

b) Schleuderbremsen

Diese sind zusätzliche Sicherheitsvorrichtungen, um die Senkgeschwindigkeit von Lasten selbsttätig und unabhängig vom Bedienungsmann auf einen bestimmten, durch Entwurf und Einstellung vorher festgelegten, Höchstwert zu beschränken; sie machen also keine andere Bremse entbehrlich und werden praktisch bei Handwinden mit größeren Hubhöhen und bei Antrieb durch Verbrennungsmotoren eingebaut.

Bei der häufigsten Form, die an Fliehkraftregler erinnert (Abb. 217), wird die mit der Drehzahl wachsende Schleuderkraft von Gußklötzen ausgenutzt, um diese als Bremsbacken von innen gegen eine am Gerüst festgemachte Trommel wirken zu lassen. Die Form der Klötze sichert genügende Übersetzung zwischen Zentrifugalkraft $C = \frac{G \cdot v^2}{g \cdot r}$ und dem Backendruck N, der so groß sein muß, daß $3\mu N = P =$ der abzubremsenden Umfangskraft bei Vollast ist. Um eine unerwünschte Bremswirkung schon bei kleinen Drehzahlen zu verhindern, werden die Klötze durch Laschen von einer zentralen Feder F aus derart zurückgehalten, daß erst in der Nähe der gewünschten Grenzdrehzahl der Einfluß der Zentrifugalkraft den der Feder überwiegt. Die nötigen Klotzgewichte G ergeben sich aus der Gleichsetzung aller an den Klötzen angreifender Momente, wobei für C der bei der Grenzdrehzahl auftretende Wert eingesetzt wird. $Cc - Na - \mu Nb - Ff = 0$. Zweckmäßig nimmt man die Form der Klötze an, bestimmt den Schwerpunkt experimentell durch Ausschneiden und gewinnt dann aus dem für das Gewicht G gefundenen Wert die nötige Stärke der Klötze.

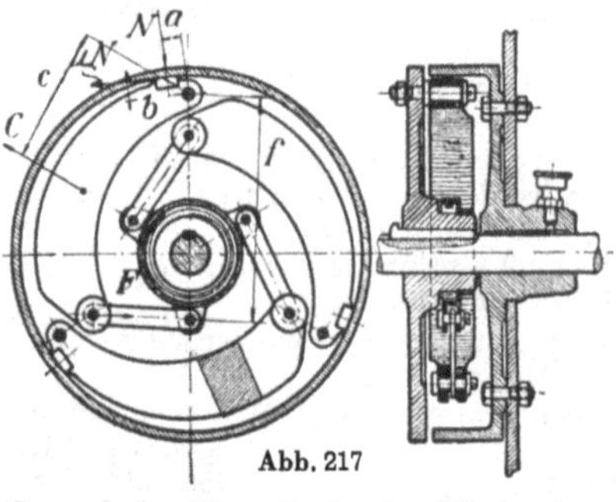

Abb. 217

Da die Bremswirkung nur von der Geschwindigkeit abhängig ist, so werden die Rücktriebmomente bei Teilbelastungen schon bei kleineren Drehzahlen abgebremst als bei Vollast, was umgekehrt erwünschter wäre.

C. Auswahl der Sicherheitsvorrichtungen

I. Hubwerke

		Haltebremse	Stoppbremse	Regulierbremse
A. El. angetr. Winden	a) Führer bei der Winde	1. Band- oder Backenbremse mit Lüftmagnet		Lüften d. Bremse von Hand
		2. Band- oder Backenbremse mit Lüftmagnet		El. Senkbremsung
		3. Backenbremse mit Druckluftsteuerung (Jordan) für angestrengt arbeitende Sonderkrane		
		4. Sperradbremse mit geräuschlosen Klinken und Bremsgewicht ohne Magnet. Unabhängig oder mit Steuerwalze verbunden		
	b) Führer nicht bei der Winde	1. Band- oder Backenbremse mit Lüftmagnet		El. Senkbremsung
		2. Lastdruck-(Lamellen-)bremse mit geräuschlosen Klinken. Nur für Kleinhebezeuge mit Schneckenantrieb		
B. Von Hand angetriebene Winden	a) Führer bei der Winde	1. Sperrad und Klinke	Band- oder Backenbremse von Hand angezogen	
		2. Sperradbremse mit Bremsgewicht		(ev. Schleuderbremse)
		3. Sicherheitskurbel (nur für Handbetrieb)		
(B a_2 auch für Dampf- und Dieselantrieb)	b) Führer nicht bei der Winde	1. Drucklagerbremse bei Schnecken- und Schrägzahnantrieb		
		2. Senksperrbremse mit Lüftspiel bei Stirnradantrieb		

II. Fahr- und Drehwerke

Motorisch angetriebene Fahrzeuge	a) Führer auf dem Fahrzeug	1.	Sicherung gegen Sturm (Backenbremse, Schienenzangen) und bei Neigung der Fahrbahn	Mechanische Zusatzbremse (Band- oder Backenbremse) von Hand oder Fuß bedient
	b) Führer nicht auf dem Fahrzeug	2.		Band- oder Backenbremse mit Lüftmagnet
		3.		El. Nachlaufbremsung bei Gleichstrom El. Gegenstrombremsung bei Drehstrom

VI. Antriebe

Neben der Menschenkraft hat sich heute der elektrische Strom als Hebezeugantrieb so allgemein durchgesetzt, daß die andern Antriebsarten (Druckwasser, Druckluft, Dampfmaschine, Verbrennungsmotor) auf vereinzelte Sonderfälle beschränkt sind.

A. Menschenkraft

Der Arbeiter drückt normal 15 kg (höchstens 25, auf längere Dauer 8 kg) an der Handkurbel von 25 bis 40 cm Halbmesser mit einer Kurbelgeschwindigkeit von 0,5 bis 1 m/sec. Die Kurbelwelle soll 1000 bis 1100 mm über dem Stand des Arbeiters liegen. Am Haspelrad zieht er 20 bis 30 kg mit $v = 0{,}4$ bis 0,5 m/sec Kettengeschwindigkeit.

Mit diesen Zahlen und bei aussetzendem Betrieb erhält man eine mittlere Leistung des Menschen von $15 \times 0{,}75$ oder $25 \times 0{,}45$ mkg/sec = ungefähr 1/7 Pferdestärke.

Der billige Handantrieb ist dort am Platz, wo es sich um gelegentliche Arbeiten von kurzer Dauer, um verhältnismäßig kurze Hub- oder Fahrwege, um mäßige Lasten handelt und dort, wo langsames Fördern unbedenklich ist. Ferner als Reserve für den elektrischen Antrieb.

B. Elektrischer Antrieb

Das heutige leichtbewegliche, rasch und kräftig arbeitende Hebezeug hat sich entwickelt als eine Funktion des Elektremotors. Dieser paßt sich den Forderungen der Lastenbewegung besonders gut an und zwar in der Form, daß jedes Triebwerk (Heben, Fahren, Drehen usw.) einzeln durch einen umsteuerbaren Motor angetrieben wird. Der scheinbare Nachteil, mehrere Motoren für einen Kran beschaffen zu müssen (beim normalen Laufkran sind es 3, bei Sonderkranen zuweilen bis zu 8 Motoren) wird reichlich aufgehoben durch den Vorteil, jede Einzelbewegung unabhängig und gleichzeitig vor- und rückwärts und zwar aus der Ferne steuern zu können, unter Vermeidung aller verwickelten, dem Verschleiß ausgesetzten Wechselgetriebe und Umkupplungen, wie sie der wechselweise Antrieb von einem Motor aus nötig machen würde. Die elektrischen Steuervorrichtungen sind einfach und sauber zu bedienen und geben die Möglichkeit elektrischer Bewegungsregulierung. Der Elektromotor ist stets betriebsbereit, fordert kaum eine Wartung, ist auf kurze Zeit weitgehend überlastbar und kann daher normale zusätzliche Beschleunigungsarbeiten beim Anlauf ohne weiteres mit übernehmen. Die Zuleitung der elektrischen Energie auch in rasch laufende Krane hinein ist einfach und betriebssicher. Schon dieser Vorteil allein hat seinerzeit den Sieg des Elektromotors über das Druckwasser entschieden. Nur dort, wo elektrische Stromzufuhr nicht möglich ist, und wo Akkumulatoren mit ihrer beschränkten Leistung und Reichweite nicht am Platz sind, greift man zu Dampfmaschine oder Verbrennungsmotor.

Elektromotoren

a) Stromart und Bauart der Motoren

In den meisten Fällen ist man nicht frei in der Wahl der Stromart, da heute fast überall in industriellen Anlagen ein Drehstromnetz vorhanden ist dank seiner günstigen Energieübertragung. Der Drehstrom-Asynchronmotor ist daher der meist gebrauchte Motortyp. Er hat ein kräftiges Anzugsmoment und ist kurzzeitig überlastbar bis zum „Kippmoment", das etwa das 2- bis 2,5fache des Nennmoments ist. Die Drehzahlen im Beharrungszustand sind kaum abhängig von der Belastung, sondern nur von der Polzahl im Ständer (4, 6, 8 oder 10 bei 50 Perioden) und damit festgelegt auf 1500, 1000, 750 und 600 Umdrehungen/min, wobei je nach Belastung eine Verminderung um nur 3 bis 7 v.H. eintritt (Schlupf). Die Ausführung mit Kurzschlußläufer, betriebssicher, unempfindlich und mit einfachen Mitteln zu steuern, genügt für leichte Antriebe und kleine Arbeitsgeschwindigkeiten. Die normale Ausführung ist aber diejenige mit Schleifringläufer, die in gewissem Umfang eine Regelung der Anlaufdrehzahlen gestattet. Eine Sonderform der AEG für Hubwerke, der „Doppelkranmotor" kann durch Umschalten der Pole die halbe Last doppelt so schnell heben z. B. mit 1500 statt 750 Umdr., und alle Lasten mit 1500 senken.

Beim allerdings ziemlich teureren Kollektormotor, der 3- und 1-phasig gebaut werden kann, läßt sich die Drehzahl nahezu stufenlos verändern durch Verschieben von Bürsten auf dem Kollektor von Hand, was aber mit Vorteil und ohne Komplikationen nur ausgenutzt werden kann, wenn der Führer neben dem Motor steht.

Eine interessante Sonderform des Asynchronmotors ist der Verschiebeankermotor (Demag). Der konische Läufer (Abb. 32) wird durch eine Feder im Ruhezustand nach rechts gedrückt und schließt dadurch eine Kegelbremse, welche die

Last schwebend hält. Beim Einschalten des Stroms zieht das im Ständer entwickelte Magnetfeld den Läufer nach links und lüftet dadurch die Bremse, so daß ein besonderer Bremslüfter entfällt. Er wird für Elektrozüge, Kabelwinden u. ä. bis zu 30 kW Leistung ausgeführt.

Der Gleichstrom-Hauptstrommotor ist an sich der geeignetste Motor für Hebezeuge und besonders für Hubwerke. Er hat ein starkes Anzugsmoment und kommt bei kleinerer Belastung selbsttätig auf größere Drehzahlen (vgl. die Drehzahlcharakteristik Abb. 218). Bei Kranen mit großer Hubhöhe und wechselnden Lastgrößen, wie z.B. bei Hafenkranen mit Stückgutbetrieb ist er dadurch dem Drehstrommotor überlegen, indem

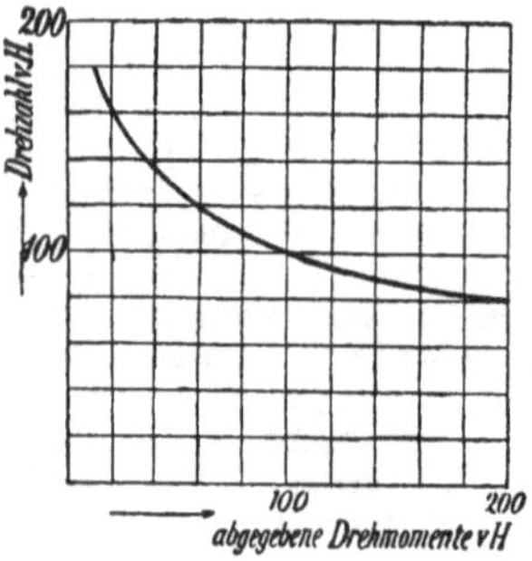

Abb. 218

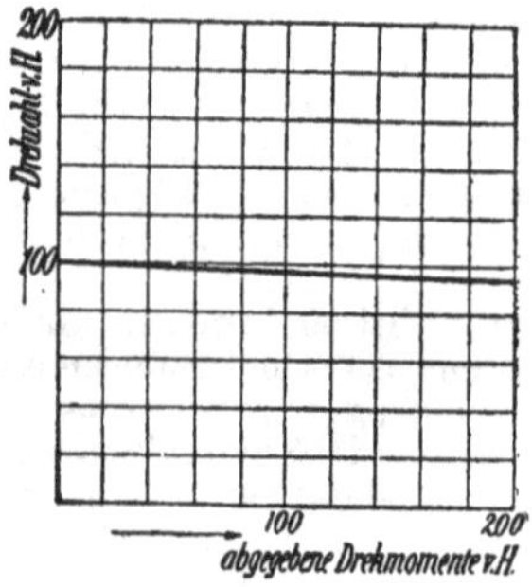

Abb. 219

er bei gleicher Nennleistung eine höhere Durchschnittsgeschwindigkeit und größere Förderleistung in einem bestimmten Zeitraum erreicht. Die Leerlaufwiderstände der Getriebe genügen in der Regel, um ein Durchgehen ohne Last zu verhüten.

Der Gleichstrom-Nebenschlußmotor, dessen Drehzahlen ebenso unabhängig von der Belastung sind wie beim Asynchronmotor (Abb. 219) ist nur da am Platze, wo entweder völlige Entlastung eintreten kann, wie bei Aufzügen mit Gegengewichten oder dort, wo bei verschiedener Belastung unveränderte Drehzahlen verlangt sind, wie bei Verladebrücken, deren beide Stützen durch je einen Motor mit gleicher Geschwindigkeit angetrieben werden sollen.

b) Bestimmung der Motorgröße

Hebezeugmotoren werden von den Elektrizitätsfirmen als Sondertypen für „aussetzenden Betrieb" geliefert. Die Angaben in den Firmenlisten (Leistungen in kW oder Ps, und Drehzahlen n/min) sind abgestuft nach 15, 25, 40 oder 20, 40, 60% ED.

Einschaltdauer $ED = 100 \frac{E}{E+P}$, wobei E die Einschaltzeiten des Motors, P die stromlosen Pausen im durchschnittlichen Betrieb bedeuten. Jeder Motor darf im Betrieb nur eine gewisse Höchsttemperatur erreichen. Der in der Einschaltzeit den Motor durchfließende, dem abgegebenen Moment entsprechende Strom erwärmt den Motor in steigendem Maß, während in den stromlosen Pausen wieder Abkühlung eintritt. Je kürzer nun die Erwärmungszeit gegenüber der Abkühlungszeit ist und je seltener die volle Belastung, also volle Stromstärke auftritt, um so geringer ist die Gefahr unzulässiger Erwärmung, umso größere Leistung kann vorübergehend ein und demselben Motor zugemutet werden.

Hat man nun in der bei der Behandlung von Hub-, Fahr- und Drehwerken angegebenen Weise die nötige Antriebsleistung ausgerechnet, so wählt man je nach der im Betrieb zu erwartenden Stärke und Häufigkeit der Belastung die hierzu passend erscheinende Einschaltdauer ED aus, wobei als Anhalt dienen kann:

15% für Maschinenhauskrane mit seltenem Betrieb,
25% für Werkstatt-, Werft-, Lagerplatz- und Hafenkrane mit wechselnden Stückgutlasten,
40% für Gießkrane und Krane mit Selbstgreifern, also regelmäßiger Vollast,
60% für besonders angestrengte Krane, z. B. Hüttenkrane.

Oft wird man auch für die einzelnen Getriebe desselben Krans verschiedene Einschaltdauern einzusetzen haben.

c) Steuerungen der Elektromotoren

Anlassen. Da die Anker der Motoren kleinen elektrischen Widerstand haben, würde das unmittelbare Anlegen der Netzspannung viel zu hohen Anlaufstrom ergeben. Es werden daher vor dem Anker liegende Anlaßwiderstände stufenweise abgeschaltet, wenn die mit anwachsender Drehzahl sich steigernde gegenelektromotorische Kraft die verbleibende Spannung im Anker so herabgesetzt hat, daß die Stromstärke ein zulässiges Maß nicht überschreitet (vgl. S. 167 und Abb. 224).

Nur bei kleinen Kurzschlußläufermotoren kann mit einfachem Schalter angelassen werden.

Veränderung der Drehzahl im Beharrungszustand ist im allgemeinen nicht möglich, soweit sie nicht bei Drehstrom in 2 Stufen durch Polumschaltung (s. o.) oder bei Gleichstrom-Hauptstrom selbsttätig mit wechselnder Lastgröße erfolgt (s.o.). Nur bei 3- oder 1-phasigem Kollektormotor ist sie in stufenloser Weise möglich durch Bürstenverschiebung von Hand (s.o.). Die kostspielige, bei Gleichstrom die 3-fache, bei Drehstrom die 4-fache Zahl elektrischer Maschinen erfordernde Leonard-

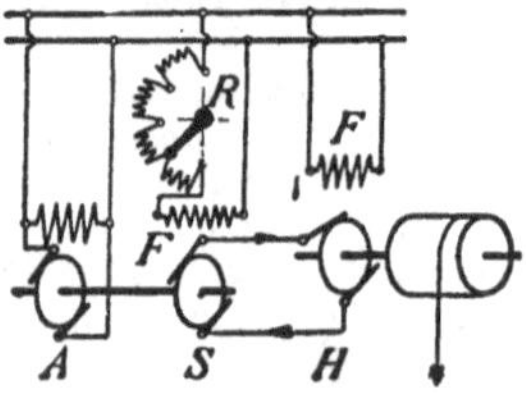

Abb. 220

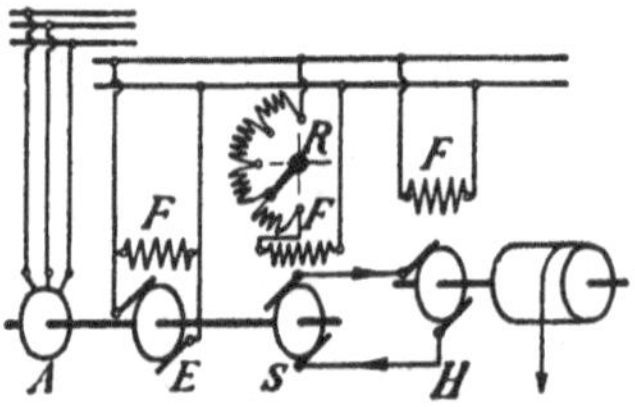

Abb. 221

steuerung (Abb. 220 u. 221) ist am Platz für Großanlagen, wie Bergwerksfördermaschinen, Hochofenaufzüge, Gießkrane u. ä., bei denen feinstufige Regulierung mit sicherer und einfacher Bedienung verbunden sein soll. Ein Arbeitsmotor *A* treibt einen Steuergenerator *S*, dessen abgegebene Spannung durch Regelung des Erregerfelds *F* in weiten Grenzen verändert werden kann. Erst diese Spannung wird dem eigentlichen Hubmotor *H* (Nebenschlußmotor) zugeführt, dessen Drehzahl genau mit der Spannung sich verändert. Bei Drehstromnetz (Abb. 221) muß zwischen *A* und *S* noch eine Gleichstromerregermaschine *F* eingeschaltet werden.

Die Umsteuerung auf entgegengesetzte Drehrichtung geschieht bei Drehstrom durch Vertauschen zweier Phasenklemmen, bei Gleichstrom durch Umschalten der Stromrichtung im Anker, während der Strom durch das Erregerfeld seine Richtung beibehält.

Das Abbremsen des Auslaufs von Fahr- und Drehwerken wird bei Drehstrom normalerweise durch eine mechanische Stoppbremse besorgt. Für besonders große Massen und große Geschwindigkeiten sind Sondersteuerungen ausgebildet worden. Bei Gleichstrom ist außerdem eine elektrische

Nachlaufbremsung üblich, bei welcher der Motor als Generator kurzgeschlossen wird in der letzten Schaltstellung vor dem Halt. Die von den bewegten Massen noch vorhandene Energie wird in den Widerständen in Wärme umgesetzt.

Die Regulierung und Meisterung der Senkbewegung erfordert bei Hubwerken besondere Maßnahmen. Diese Aufgabe ist nicht einfach zu lösen bei Drehstrom, vorausgesetzt, daß das Hubwerksgetriebe nicht selbsthemmend ist oder keine Senksperrbremse etwa nach Abb. 214 enthält, sondern wenn die sinkende Last den Anker rückwärts durchzieht wie z. B. bei normalem Stirnrädergetriebe.

Bei der einfachen Umkehrschaltung wird das Drehfeld im Ständer im Senksinn geschaltet und zieht durch Induktion den Läufer mit etwas Schlupf hinter sich her. Fängt nun die so bewegte Last an, durch eigene Schwerebeschleunigung schneller zu sinken, so wird sie rasch die synchrone Nenndrehzahl des Drehfelds einholen und überschreiten. Die induktive Wirkung des Drehfelds auf den Läufer wirkt nun in umgekehrter Richtung anziehend, also bremsend, und zwar um so stärker, je geringerer Widerstand im Läuferstromkreis eingeschaltet ist. Man kann also durch Verändern der Widerstände die Senkbewegung regulieren, aber nur übersynchron, d. h. mit Drehzahlen, die über der Nenndrehzahl des Motors liegen.

Für feinere Einstellbewegungen der Last, z.B. bei Gießkranen und Montagekranen, müssen aber kleine Senkgeschwindigkeiten erreichbar sein. Dafür eignet sich die Gegenstrombremsung. Nach Einleitung der Senkbewegung durch das Drehfeld wird dieses auf Drehung im Hubsinn umgeschaltet, so daß der sinkenden Last ein hebendes Moment entgegengesetzt wird und damit eine allerdings von der Geschicklichkeit des Kranführers stark abhängige Reguliermöglichkeit im untersynchronen Bereich gegeben ist.

Außer diesen sind eine ganze Reihe von sinnreichen untersynchronen Drehstromsenkbremsschaltungen ausgebildet worden, bezüglich derer aus Raumgründen auf die Literatur und die Firmenveröffentlichungen verwiesen werden muß.

Bei Gleichstrom (Hubschaltung Abb. 222a) dagegen ist die Senkbremsschaltung (Abb. 222b) in einfacher und nahezu idealer Weise durchzuführen. Der Motor wird zum Senken vom Netz getrennt und in sich kurzgeschlossen als Generator, der von der Last selbst kostenlos angetrieben wird. Die vom Generator erzeugte Spannung, stufenweise an die schon vom Anlassen her vorhandenen Widerstände angelegt, gibt Strom und Moment im Hubsinn, d. h. Bremswirkung und damit regelbare Senkgeschwindigkeit. Sollte eine leichte Last oder der leere Haken nicht durchziehen, so läßt man den Motor wie beim Drehstrom im Senksinn treiben (Senkkraftstellung c). Diese gute Senkregulierung ist es nicht zuletzt, welche die Überlegenheit des Gleichstroms gegenüber Drehstrom beim Antrieb von

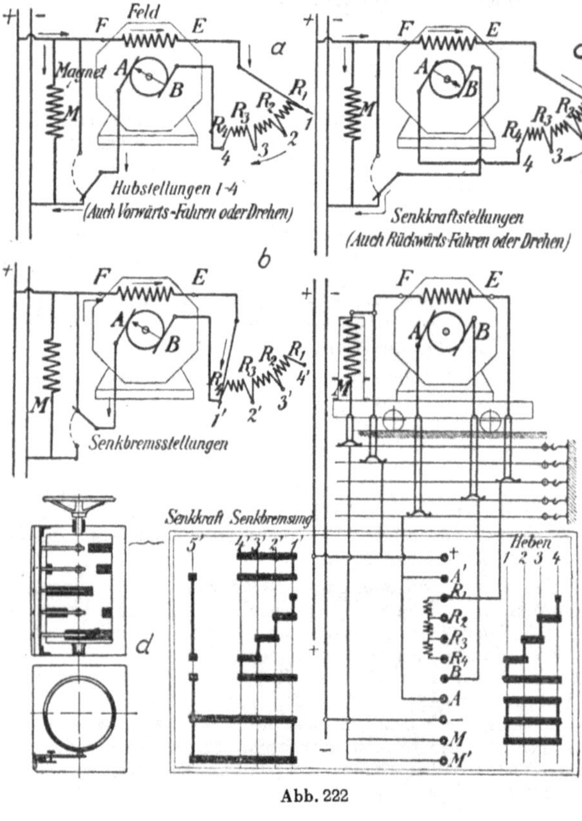

Abb. 222

Hebezeugen mit sich bringt. Es ist daher verständlich, wenn häufig, besonders in USA, auf Drehstrom eingestellte Anlagen, in denen viele Krane laufen, ein besonderes Gleichstromnetz für diese einrichten.

Steuerorgane. Alle oben erwähnten Schaltungen, wozu noch die Anschlüsse für Bremslüfter und Endschalter kommen, werden in der Steuerwalze (Abb. 222d) so zusammengefaßt und vorbereitet, daß der ungelernte Bedienungsmann sie in richtiger Weise und Reihenfolge durch einfaches Drehen eines Handrads herstellen kann. Festliegende Kontaktfinger gleiten bei schrittweisem Drehen der Walze über Isolierstrecken oder über stromführende Messingstreifen, deren Länge aus dem in Abwicklung gezeichneten Schaltschema sich ergibt (Abb. 222).

An die Stelle des meist üblichen Handrads kann auch die Handkurbel, der Handhebel oder bei hochliegenden Steuerwalzen das Seilrad mit Zugschnüren treten.

Bei sehr häufigem angestrengtem Schalten leiden die Gleitkontakte. Dies wird vermieden durch die Druckkontakte der teureren Steuerschalter, die durch Kurvenscheiben gesteuert sofort mit ganzer Fläche angedrückt oder abgehoben werden, oder durch die Schützensteuerung, wo jede einzelne Schaltung durch einen besonderen Schalter hergestellt wird. Jeder dieser Einzelschalter wird durch einen eigenen Elektromagnet betätigt, der durch einen Hilfstrom von einer kleinen Steuerwalze (Meisterwalze) aus nach dem jeweils gewünschten Schaltschema gesteuert wird.

C. Andere Antriebsarten

a) Dampfantrieb kommt nur noch in Frage für Schiffswinden, wo Dampf jederzeit zur Verfügung steht und für fahrbare Drehkrane auf Bauplätzen und Fabrikhöfen, wo der Dampf mit seiner unabhängigen Energiezufuhr den Elektromotor aus dem Feld schlägt. Kessel und raschlaufende Zwillingsdampfmaschine stehen im hinteren Teil des Führerhauses. Die Maschine ist überlastbar und hat gutes Anzugsmoment. Die einzelnen Triebwerke werden durch Wendegetriebe oder Kupplungen wahlweise angeschlossen.

Dampf eignet sich nicht für stark aussetzenden Betrieb, da der Kessel vorher geheizt werden und unter Dampf stehen bleiben muß. Hierfür sind

b) Verbrennungsmotoren besser geeignet, da sie stets betriebsbereit sind. Sie haben dafür den Nachteil, daß sie nicht unter Last anlaufen und daher erst nach Erreichen der vollen

Drehzahl durch Einrücken von Reibungskupplungen auf die Triebwerke arbeiten können. Sie sind auch nicht überlastbar, müssen also nicht für die Leistung im Beharrungszustand (wie der Elektromotor), sondern für die größere Beschleunigungsleistung berechnet worden.

Empfehlenswert, wenn auch teurer, ist es, mit der Dieselmaschine einen Generator zu treiben, von dem aus die verschiedenen Triebwerksmotoren wie bei rein elektrischen Kranen gespeist werden. Man vermeidet dadurch die lästigen, dem Verschleiß ausgesetzten, von Hand zu bedienenden Umkupplungen.

c) Druckwasser, früher viel gebraucht, eignet sich vorzüglich für Hubwerke. Grundform ist der Zylinder mit Plunger, der große Kraft bei kleinem Hub abgibt. Ein Treibrollenzug gibt die Übersetzung zu großem Hub bei kleiner Kraft.

Der hydraulische Antrieb ist vor allem deshalb vom Elektromotor verdrängt worden, weil er für rasche Fahrbewegungen von Kranen nicht paßt und weil Strom heute überall zur Verfügung steht, während Druckwasser erst erzeugt werden müßte.

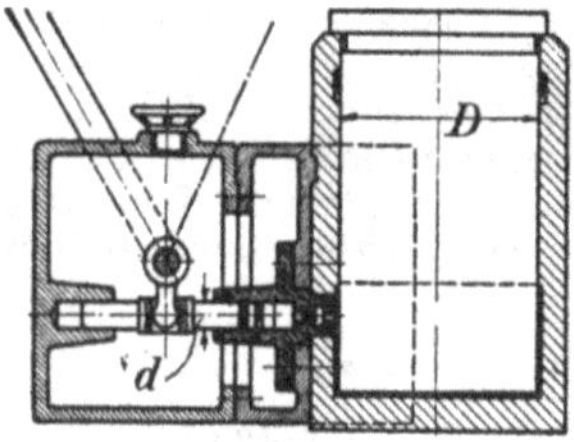

Abb. 223

Heute noch üblich ist der hydraulische Hebebock (Abb. 223). Der Arbeiter erzeugt mit großer Hebelübersetzung hochgespanntes Druckwasser im kleinen Zylinder *d*, das mit ebenfalls großer hydraulischer Übersetzung im großen Zylinder *D* den Plunger und Lasten bis 300000 kg hebt. Der Hub ist entsprechend klein. Der Hebebock oder die „Daumenkraft" hebt Brücken von den Auflagern und ähnliches.

d) Druckluft wirkt ebenfalls unmittelbar im Zylinder (Drucklufthebezeuge in Gießereien und Nietwerkstätten) oder im Preßluftmotor zum Antrieb von Haspelwinden. Nur dort wo Druckluft ohnehin zur Verfügung steht, kommt dieser Antrieb in Frage.

e) Ohne eigene Antriebskraft, mit umsteuerbarem Riemenvorgelege werden Winden gebaut, die entweder in Fabriken an Transmissionen angehängt werden oder bei Baubetrieben die Wahl des Motors je nach der Baustelle freilassen sollen (Lokomobile, Elektromotoren verschiedener Stromart und Spannung).

VII. Dynamisches. Anlauf und Auslauf

In den bisherigen Abschnitten (mit Ausnahme der Drehwerke) ist bei der Berechnung der Bewegungen, Kräfte, Widerstände, Leistungen nur der Beharrungszustand berücksichtigt worden. Es bleibt noch zu untersuchen der Anlauf, wo die geradlinig bewegten und die rotierenden Massen beschleunigt und der Auslauf, wo sie verzögert werden müssen.

Praktisch wichtig für Entwurf und Betrieb, und daher hier allein behandelt, ist bei Hebezeugen 1. der Mehrbedarf an Antriebsmoment beim Anlauf und 2. der gebremste oder ungebremste Auslaufweg, und zwar beim Heben der Auslaufweg ohne Last, beim Senken, beim Fahren und Drehen mit Vollast.

Die einfachste, für die genannten Fälle durchaus genügende Berechnungsweise ergibt die Anwendung der Energiegleichung $\int_0^s P\,ds = \frac{1}{2}\,m\,(v^2 - v_0^2)$ in der Form $Ps = \frac{1}{2}\,m v^2$, wobei vorausgesetzt wird, daß es sich beim Anlauf um eine gleichförmige Beschleunigung von der Geschwindigkeit 0 auf die Normalgeschwindigkeit v und beim Auslauf wieder um eine gleichförmige Verzögerung auf die Geschwindigkeit 0 handelt.

Beim Auslauf ist die Voraussetzung einer konstanten Verzögerungskraft P ohne weiteres gegeben, da die wirkenden Widerstände (Last, Windenreibung, Fahrwiderstand, Drehwiderstand) und die Bremswirkung im allgemeinen als konstant angesehen werden können.

Beim Anlauf elektrischer Triebwerke dagegen kann die Beschleunigungskraft P an sich veränderlich sein und zwar ohne bestimmtes Gesetz, da ihr Verlauf vom willkürlichen Tempo abhängt, mit dem der Kranführer an der Steuerwalze die einzelnen Anlaßwiderstände abschaltet. Geht man aber von der idealen, vorschriftsmäßigen, der Berechnung der Anlaßwiderstände zugrunde gelegten Einschaltweise aus, so schwankt die Stromstärke und damit die ihr proportionale Beschleunigungskraft P in den einzelnen Schaltstufen zickzackförmig zwischen zwei nicht weit auseinander liegenden Grenzwerten I_a und I_e, bzw. P_a und P_e (vgl. Abb. 224). Hierbei entspricht

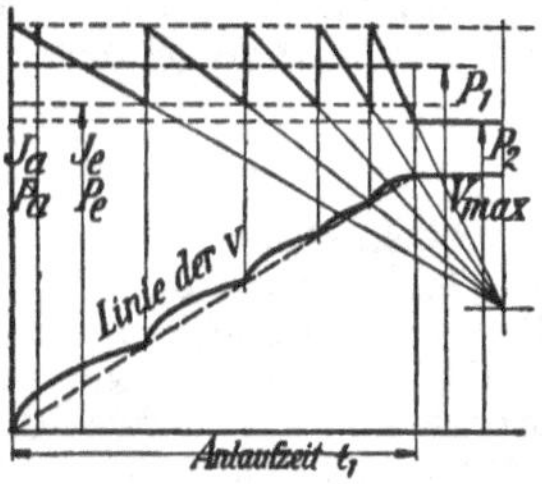

Abb. 224

in jeder Schaltstufe der geradlinig abnehmenden Motorzugkraft P eine parabelförmig zunehmende Geschwindigkeit. Über den ganzen Anlauf betrachtet gleicht nun der Zug der Teilparabeln einer Geraden, also gleichförmiger Geschwindigkeitszunahme, was wiederum ein im ganzen konstante Beschleunigungskraft P_1, d. h. den Mittelwert zwischen P_a und P_e voraussetzt. Da nun experimentell aufgenommene Anlaufkurven ungefähr diesen Verlauf zeigen, so ist auch beim Anlauf die rechnerisch so einfache Annahme konstanter Motorzugkraft P_1 berechtigt.

Die kinetische Energie $\frac{1}{2}\,\mathrm{m}\,v^2$, welche beim Anlauf durch die Arbeit der Beschleunigungskraft erzeugt wird, beim Auslauf durch die Arbeit der Verzögerungskräfte wieder vernichtet wird, setzt sich zusammen aus der Energie der geradlinig bewegten Massen M und der rotierenden Massen vom Trägheitsmoment I. Um einen Ausdruck mit I zu erhalten, das $= mr^2$ ist, schreibt man $\frac{1}{2}\,mv^2 = \frac{1}{2}\,\mathrm{m}\,(r\omega)^2 = \frac{1}{2}\,\mathrm{m}\cdot r^2\cdot\omega^2 = \frac{1}{2}\,I\omega^2$ (r = Trägheitsradius, ω = Winkelgeschwindigkeit [1/sec], v in [m/sec]).

Rotierende Massen bei Hub- und Fahrwerken sind der Motoranker, Kupplungen, Bremsscheiben, Rädertriebwerke, Trommeln, Laufräder. Da die Winkelgeschwindigkeit im Quadrat auftritt, so sind in der Regel nur die Massen auf der Welle mit höchster Drehzahl von Bedeutung, also z. B. Motoranker und eventuell noch Kupplung und Bremsscheibe, wenn sie auf der Motorwelle sitzen. Ist die Drehzahl der nächstfolgenden Vorgelegewelle z. B. sechmal kleiner, so würde dasselbe I auf dieser Welle nur ein 36mal geringeres $\frac{1}{2}\,I\omega^2$ ergeben, wäre also schon zu vernachlässigen.

Bei Drehwerken hat man es ausschließlich mit rotierenden Massen zu tun, wobei die mit dem Drehgerüst des Drehkrans sich drehenden Massen so große Trägheitsmomente haben, daß sie trotz viel kleinerer Winkelgeschwindigkeit den Einfluß der Motordrehmassen bei weitem überwiegen.

A. Hubwerke

Haben elektrische Seil- oder Kettenwinden eine elektrisch gelüftete Stopp- und Haltebremse auf der Motorwelle mit Bremsscheibenhalbmesser r, eine Räderübersetzung i_1 zwischen Motor und Seiltrommel oder Kettendaumenrad mit Halbmesser R und eine weitere Übersetzung i_2 im Rollenzug zwischen Trommel und Lasthaken, so reduziert man zunächst alle Kräfte, Wege und Geschwindigkeiten auf den Umfang der Bremsscheibe. Reduzierte Last $Q' = \frac{Q}{i_2} \cdot R \cdot \frac{1}{i_1} \cdot \frac{1}{r} = \frac{Q}{c}$ (Lastmoment verkleinert durch Übersetzung und dividiert durch Bremsscheibenhalbmesser, c = Reduktionskonstante).

Für die Hubarbeit kommen die Reibungswiderstände in der Winde dazu (η = Gesamtwirkungsgrad der Winde einschließlich Rollenzug), also Umfangskraft an der Bremse $= Q'/\eta$. Beim Senken werden die Reibungen von der Last selbst überwunden, also Rücktriebkraft der Last an der Bremse $= Q' \cdot \eta$.

Lastgeschwindigkeit v und Lastweg s am Haken reduzieren sich auf den Umfang der Bremsscheibe mit $v' = v' = vc$ und $s' = s \cdot c$.

In den Schaubildern Abb. 225 bis 227 stellen die Abszissen die reduzierten Wege s' in m dar (s_1' Anlauf, s_2' Beharrungszustand, s'_3 Auslaufweg). Die Ordinaten oberhalb der Nulllinie sind Kräfte im Sinn des Antriebs, also hier im Hubsinn; die Ordinaten unterhalb sind Kräfte entgegen dem Antrieb, also im Senksinn. Die schraffierten Flächen bedeuten somit Arbeiten in mkg.

Heben (Abb. 225). Im Beharrungszustand ist die Motorzugkraft auf die Bremse bezogen $P_2 = Q'/\eta$. Die beim Anlauf zwecks Beschleunigung der Massen vergrößerte Motorzugkraft P_1 erhält man aus der Arbeitsgleichung $P_1 \cdot s_1' = \frac{Q'}{\eta} \cdot s_1' + \frac{1}{2} \cdot \frac{Q}{g} \cdot v^2 \cdot \frac{1}{\eta} + \frac{1}{2} \cdot I_m \cdot \omega_m^2$ (I_m ist das polare Trägheitsmoment in kg · m · sec^2) aller auf der Motorwelle befindlichen Massen, also etwa Ritzel, Kupplung, Bremsscheibe und Motoranker; dessen in den Listen angegebenes Schwungmoment ist $GD^2 = 9{,}81 \cdot 4 \cdot I$. ($\omega_m$ = Winkelgeschwindigkeit der Motorwelle). Der Mehrbedarf an Antriebskraft beim Anlauf ergibt sich aus dem Verhältnis $\frac{P_1}{P_2}$, das bei Elektromotoren ohne Gefahr der Überlastung für einige Sekunden $= 2$ bis 3 sein darf. Man braucht daher nur in seltenen Fällen außergewöhnlich hoher Hubgeschwindigkeit einen stärkeren Motor, als wie aus dem Beharrungszustand gerechnet wird.

Beim ungebremsten Auslauf wirken immer noch abwärts Q'/η, nach oben die jetzt treibenden Trägheitskräfte. Die beim Anlauf gegen den Antrieb wirkenden Arbeitsrechtecke über s_1, werden beim Auslauf theoretisch in gleicher Größe zu Antriebs-Arbeiten über s_3', mit der kleinen Einschränkung, daß bei den geradlinig bewegten Massen die Arbeit etwas kleiner wird, da

Abb. 225 *Heben Vollast*

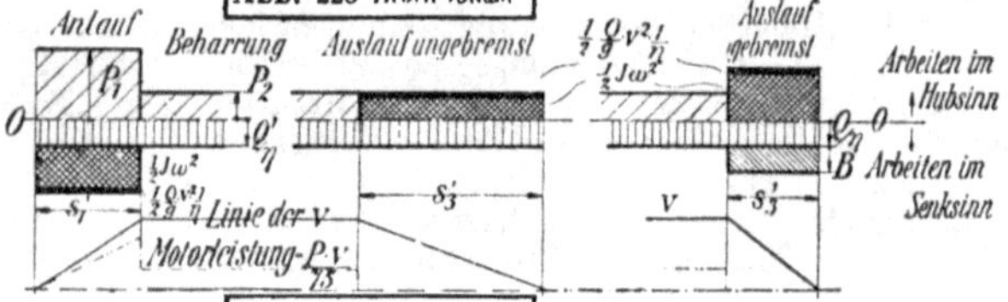

Abb. 226 *Heben Leerlast*

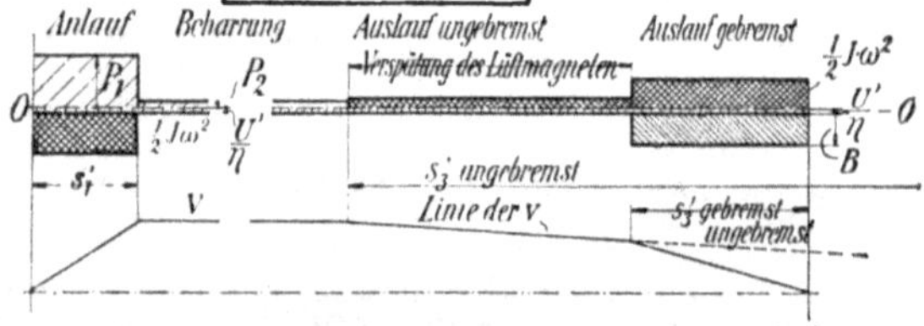

Abb. 227 *Senken Vollast*

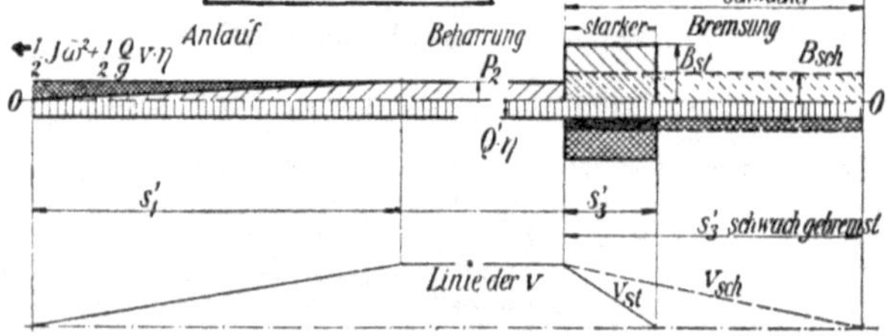

η aus dem Nenner in den Zähler tritt. Der Auslaufweg s'_3 ergibt sich als einzige Unbekannte aus der Arbeitsgleichung

$$\frac{1}{2} I_m \cdot \omega^2{}_m + \frac{1}{2} \cdot \frac{Q}{g} v^2 \cdot \eta = \frac{Q'}{\eta} \cdot s'_3 .$$

Beim gebremsten Auslauf mit Bremskraft B am Umfang der Bremsscheibe wird die rechte Seite der Gleichung zu $(\frac{Q'}{\eta} + B) \cdot s_3'$. Auslaufweg s_3' wird um so kleiner, je stärker gebremst wird, so daß die Rechtecke kürzer und höher werden.

Praktisch wichtig für die Bemessung der höchsten mit voller Geschwindigkeit erreichbaren Hakenstellung (Endschaltung!) ist der Auslaufweg beim Heben der unbelasteten Unterflasche U (Abb. 226). An Stelle von Q'/η tritt dann U'/η, wodurch s_3' sehr groß würde, wenn nicht nach kurzem Verzug die Stoppbremse mit der Kraft B einfiele. Die Gleichung lautet dann:

$$\frac{1}{2} I_m \cdot \omega_m^2 + \frac{1}{2} \cdot \frac{U}{g} \cdot v^2 \cdot \eta = \frac{U'}{\eta} \cdot s_3'.$$

Senken (Abb. 227). Im Beharrungszustand muß die elektrische Senkbremsung eine Gegenkraft $P_2 = Q' \cdot \eta$ abgeben. Beim Auslauf wirken nicht nur $Q' \cdot \eta$, sondern auch die Trägheitskräfte im Senksinn. Die notwendige Verzögerung kann also nur durch die Stoppbremse mit der jetzt im Hubsinn gerichteten Bremskraft B herbeigeführt werden.

$$\frac{1}{2} I_m \cdot \omega_m^2 + \frac{1}{2} \frac{Q}{g} v^2 \cdot \eta + Q' \cdot \eta \cdot s_3' = B \cdot s_3'.$$

Für die Bemessung der Bremse ist wichtig, daß der Auslaufweg s_3' bzw. $s_3 = s_3'/c$ am Haken durch die Größe von B bestimmt wird.

B. Fahrwerke

Hier ist Vor- und Rückwärtsfahrt gleich zu behandeln. Das Schaubild ist analog wie beim Heben. An die Stelle von Q' tritt aber der reduzierte Fahrwiderstand $W_f' = W_f \cdot R \cdot \frac{1}{i_1} \cdot \frac{1}{r}$ (R Halbmesser der angetriebenen Laufräder und i_1 Übersetzung zwischen Laufrad und Motor). Geradlinig bewegte Massen sind hier die Last Q und das Eigengewicht des Fahrzeugs, also z. B. bei Kranfahrwerken Gewicht G von Kran und Katze.

Bei den Schaubildern (Abb. 228 u. 229) ist angenommen, daß man nach Abschalten des Motors das Fahrzeug zunächst einige Zeit ungebremst auslaufen läßt, ehe man mit Fuß- oder Handbremse das genaue Anhalten einleitet oder ehe die elektrisch gesteuerte Stoppbremse einfällt. In Abb. 229 ist durch die Verwandlung der Rechtecke veranschaulicht, wie man den Auslaufweg durch verschieden starke Bremsung verändern kann. In Abb. 228 ist ein typischer Normalfall zugrunde gelegt (Laufkran mit Gesamtlast $Q + G = 30$ t und $v = 1$ m/sec). Da P_1 nur etwa 2mal so groß ist als P_2, kann man auch hier mit der nach S. 105 berechneten Motorleistung auskommen, die dem Beharrungszustand entspricht. Anders dagegen in Abb. 229. Hier ist die Fahrgeschwindigkeit 3 mal so groß, also 3 m/sec, und da v bei den Massenkräften im Quadrat auftritt, dürfen diese nicht mehr vernachlässigt werden, obwohl hier

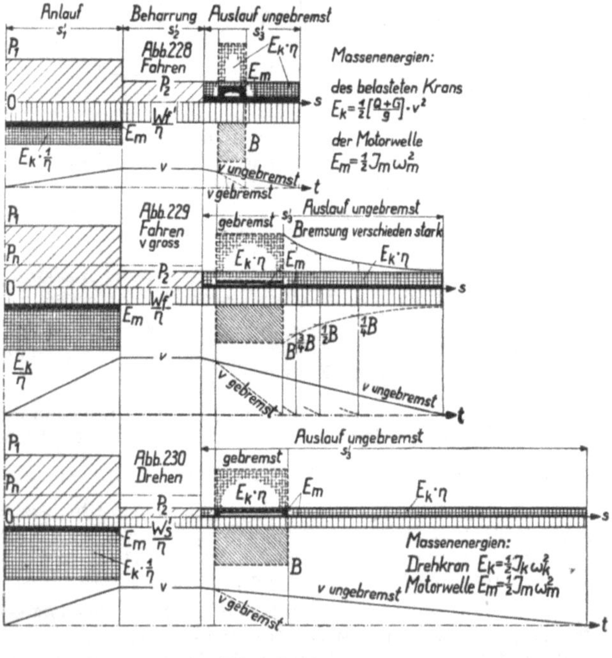

Abb. 228—230

nur eine Laufkatze mit 8 t Gesamtgewicht eingesetzt wurde. P_1 wird hier $= 3{,}75\ P_2$. Hier muß also die Nennleistung des Motors so hoch gewählt werden, daß die sich daraus ergebende Nennzugkraft P_n größer ist als P_2. Die beim Anlauf zu erwartende Zugkraft P_1 darf höchstens $= 2{,}75\ P_n$ werden.

C. Drehwerke

Nicht nur in Ausnahmefällen, wie bei besonders rasch bewegten Hub- und Fahrwerken, sondern regelmäßig ist bei Drehwerken Rücksicht zu nehmen auf die Trägheitskräfte der Drehmassen, während geradlinig bewegte Massen fehlen (Abb. 230). Hier treten auch die $\frac{1}{2} I_m \cdot \omega_m^2$ am Motor meist in den Hintergrund gegenüber den an großen Hebelarmen a, b, c um die senkrechte Kranachse gedrehten Massen von Last Q, Eigengewicht G des drehbaren Krangerüsts und Gegengewicht K (vgl. Abb. 161 u. 172). Sie ergeben zusammen ein polares Trägheitsmoment = Summe aller $m \cdot r^2 = \frac{Q}{g} a^2 + \frac{G}{g} b^2 + \frac{K}{g} c^2 = I_k$.

Ist $W_r = \frac{M_r}{a}$ der Schwenkwiderstand durch Reibung an der Auslegerspitze, also $W'_r = \frac{W_r}{i_1} \cdot \frac{a}{r}$ und ω_k die Winkelgeschwindigkeit am Kran $= v/a$, so ist die Arbeitsgleichung beim Anlauf $P_1 \cdot s_1' = \frac{W_r'}{\eta} \cdot s_1' + \frac{1}{2} I_m \cdot \omega_m^2 + \frac{1}{2} I_k \cdot \omega_k^2 \cdot \frac{1}{\eta}$. Hieraus P_1. $P_2 = W_r'/\eta$. P_1/P_2 ist meist sehr groß, z. B. hier $= 6{,}4$. Der Motor ist so zu wählen, daß $P_1/P_n =$ etwa 2,5 bis höchstens 3 wird (vgl. B. Fahrwerke).

Beim Auslauf gelten dieselben Verhältnisse wie beim Fahren, also $\frac{1}{2} I_m \cdot \omega_m^2 + \frac{1}{2} I_k \cdot \omega_k^2 \cdot \eta = \left(\frac{W'_r}{\eta} + B\right) \cdot s_3'$.

Wird zur Berechnung der Stabkräfte am Fachwerksausleger eines Drehkrans die waagrecht wirkende Beschleunigungskraft der Last Q gebraucht, so ist diese beim Anlauf $P = m \cdot b = \frac{m \cdot v^2}{2 \cdot s_1'} = \frac{Q \cdot (a \cdot \omega_k)^2}{g \cdot 2 \cdot s_1'}$ (b = Beschleunigung [m/sec^2]) beim Auslauf ist statt s_1' der Weg s_3' einzusetzen.

Aus der Literatur

Bücher

Aumund und Knaust. Hebe- und Förderanlagen, 3. Aufl. 1950. Springer, Berlin.

Beethmann H. Die Hebezeuge. 10. Aufl. 1944. Vieweg, Braunschweig.

Cajar. Baukrane. 1930. Oldenbourg. München/Berlin.

Dub. Kranbau. 1922.

Ernst, Ad. Die Hebezeuge, 3 Bde., 4. Aufl. 1904. Springer, Berlin.

Ernst, H. Die Hebezeuge. Bd. I. Grundlagen und Bauteile. Bd. II. Winden und Krane, 1951. Vieweg, Braunschweig. Bd. III. Sonderausführungen 1953.

Hähnchen, R. Winden und Krane 1932. Springer, Berlin.

v. Hanffstängel. Förderung der Massengüter, 3 Bde. Springer, Berlin.

Kowalski. Konstruktion der Winden und Krane. 1948. Verlagsanstalt Wolffenbüttel.

Krell. Entwerfen im Kranbau. 2 Bde. 1925.

Polaczek. Einführung in den Hebezeugbau 1952

Strathausen. Hebemaschinen, Bd. I. Berechnen und Entwerfen von Einzelteilen. 1949. Bd. II. Entwerfen und Berechnen von Krananlagen 1952. Westermann, Braunschweig und Hamburg.

Zeitschriften

Demag-Nachrichten. Demag AG., Duisburg.

Fördern und Heben. Verlag Krausskopf, Wiesbaden, seit 1951.

Fördertechnik. Verlag Ziemsen, Wittenberg. bis 1945.

Hausmitteilungen der Gutenhoffnungshütte, bis 1945.

MAN-Forschungshefte. Maschinenfabrik Augsburg-Nürnberg A.-G.

Stahl und Eisen. Düsseldorf.

VDI-Zeitschrift. Deutscher Ingenieurverlag, Düsseldorf.

Werft und Reederei.

REGISTER

Achsen 27 ff., 101
Achshalter 28
Akkumulatoren 130, 159
Anlaßwiderstände 167
Anlauf 70, 167 ff.
Antriebe 158 ff.
Arbeitsbereiche 71, 81, 84, 122
Arbeitsdauer, relativ 6
Asynchronmotor 159
Aufzüge 38
Augenlager 29
Auslauf 106, 162, 167 ff.
Auslegerdrehlaufkran 93
Auslegerlaufkran 92, 93

Backenbremsen 143 ff., 150
Bandbremsen 148 ff.
Baukran 109
Bauwinde 35
Beharrungszustand 9, 167 ff.
Belastung, relativ 7
Beschleunigung 9, 70, 104, 105, 167 ff.
Bewegungsschrauben 63, 68 ff., 124
Bockkrane 81 ff.
Bolzen 27
Bremsen 33, 140, 143 ff., 157
Bremslüfter 140, 146, 157

Dampfantrieb 68, 137, 159, 165
Deckellager 29
Derrickkrane 108
Dieselmotoren 68, 130, 137, 159, 165
Differentialbremse 150
Doppelbackenbremse 144 ff.
Doppelhaken 56, 58
Doppellenkerkran 125
Drahtseile 41 ff., 55
Drehkrane 106 ff., 173
Drehscheibenkrane 119 ff.
Drehstrommotoren 159, 162, 163
Drehwerke von Drehkranen 138, 139, 168, 173
Drehzahlregelung 162
Drucklagerbremse 154, 155, 157
Druckluftantrieb 166
Druckwasserantrieb 166
Dynamisches 167 ff.

Einschaltdauer ED 161
Einschienenwinden 71 ff.
Einseilgreifer 66
Einziehwerke 123 ff.
Eisenkonstruktionen 77 ff., 65 ff., 112
Eldrolüfter 146, 147
Elektrischer Antrieb 158 ff.
Elektroflaschenzug 35
Elektrohängebahnen 74
Elektromotoren 159 ff.
Ellipsenlenkerkran 126
εμα 38, 40, 46, 148 ff.
Energie 13, 14, 167, 168
Energieumwandlung 8, 9
Entwerfen 5, 15, 105

Fahrbare Drehkrane 128 ff.
Fahrradkrane 132, 135, 136
Fahrwerke 70 ff., 136, 137, 171, 172
Fahrwerke von Drehkranen 136, 137
Fahrwiderstand 95 ff., 103, 104
Federn für Bremsen 147
Flächenpressung 29, 70, 96, 101, 116
Flanschlager 30
Flaschenzüge 53, 154, 155
Fundamente 115—117, 121
Fußplatten 115

Gall'sche Kette 53 ff.
Gegengewichte 38, 111
Gegenstrombremsung 157, 163
Gelenkketten 53 ff.
Gesperre 141, 142, 151 bis 155, 157
Gesteuerte Bremsen 140, 143 ff.
Gewichte (Kranträger) 89, 90
Gießkrane 44, 91
Gleichstrommotoren 160, 163, 164
Gliederketten 50, 55
Gruppeneinteilung für Krane 7, 8

Hafendrehkrane 6, 130
Haftreibung 38 ff., 96, 136, 137, 148
Halslagerkrane 107 ff.
Haltebremse 140, 143, 148, 157
Handantrieb 158
Handlaufkran 85, 86
Handwinde 10, 15, 158
Hanfseile 40
Hängebahnen 74
Haken 56 ff.
Haspelrad 52, 53, 86, 158
Hauptstrommotor 160
Hebebock (hydr.) 166
Hebemagnete 67, 68, 90, 91
Hubwerke 32 ff., 168 ff.
Hubwinden 10 ff.

Kabelkrane 83, 84
Katzgerüst 77 ff.
Kegelräder 22, 138
Kegelrollen 118, 122
Keile 27
Kettendaumenräder 52, 54, 77
Kettenwinden 50 ff., 55
Kippmoment 106 ff.
Klemmgesperre 142
Kollektormotor 159, 162
Kräftepläne 65, 88, 108, 112, 113
Kransäule 114
Kranschienen 102
Kranspiel 7
Kranträger 86 ff.
Kugellagr. 13, 30, 99, 107, 118

Kupplungen 31, 32, 62, 63, 139
Kurvenfahren 72, 83, 103

Lager 12, 13, 28 ff., 108, 114
Lamellenbremse 154, 155
Lastaufnahmemittel 55 ff., 91
Lastdruckbremsen 153 ff., 157
Lasthaken 56 ff.
Laufkatzen 71 ff., 122, 123
Laufkrane 85 ff.
Laufräder, -rollen 9, 101 bis 103, 117, 121
Laufzapfen 99—101
Leistung 13, 14, 105, 139
Leonardsteuerung 162
Lokomotivhebebock 68, 69
Lösungsbremse 140
Lüftweg bei Bremsen 146, 150
Luftwiderstand 104

Massenkräfte 9, 105, 118, 122, 167 ff.
Mastenkrane 108
Menschenkraft 158
Motorgreifer 67
Motorgröße 161
Motorlüfter 146
Motorwinde Entwurf 11 ff., 15

Nachlaufbremsung 157, 163
Nebenschlußmotor 160

Obergurtkatzen 73, 74

Paßschrauben 52
Polypgreifer 66
Portalkrane 130, 131

Raddrücke 98, 99, 133 bis 135
Räderkasten 13, 19, 20
Räderwerke 10 ff.
Rangieranlagen 40
Raupenketten 131, 132
Regulierbremsen 140, 143, 148, 157
Reibräder 22
Reibungsbeiwerte μ 24, 38, 61, 137, 146, 149
Reibungskupplungen 32, 62, 63, 139
Reibungstrommel 39, 77
Reibungsverluste 12
Riesenkrane 110, 122
Ringschmierlager 13, 25
Rollenlager 13, 30, 99
Rollenzüge 34, 36 ff., 123
Rollreibung 96
Rutschkupplungen 32, 62, 63, 139

Säulendrehkrane 109 bis 117
Schleifleitungen 74, 89
Schleuderbremsen 140, 156, 157
Schlingbandbremsen 150
Schmierung 25, 29, 99
Schneckengetriebe 22 ff. 139
Schraube 9
Schraubenspindeln 63, 68—70, 124, 140
Schraubenwinden 68—70
Schützensteuerung 165
Schwenkmoment 106, 117, 118, 121, 138
Schwimmkrane 132, 133, 136
Seilführungen 34
Seilrollen 46
Seiltrommeln 46 ff.
Seilwinden 33
Seilverbindungen 45, 46
Selbstgreifer 63 ff.
Senkbremsen 140, 143, 148, 157
Senken 33, 163, 171
Senksperrbremse 153, 157
Senksteuerungen 157, 163, 164
Sicherheitskurbel 152, 157
Sperradbremse 151, 157
Sperräder 141, 142, 151—155, 157
Spill 39, 40
Spurkranz 102, 103, 136
Stahlkonstruktionen 77 ff., 85 ff.
Standfestigkeit 115, 119, 133
Starre Führungen 90—92
Steigungen 104
Steuerung-Einschienenwinden 74, 75
— Elektromotor 74, 75, 89, 137, 161 ff.
— Laufkrane 89
Steuerschalter 165
Steuerwalzen 164, 165
Stirnräder 16 ff., 138
Stoppbremsen 140, 143, 148, 157
Stöße 7

Trägheitskräfte 9, 105, 118, 122, 167 ff.
Trag- und Greifzeuge 55 ff.
Treibscheibenwinden 9, 38—40
Triebstockkranz 138
Trommeln 9, 33, 46 ff.
Trommelwinden 33 ff.
Turmdrehkrane 110

Übersetzung 9, 10 ff., 105, 139
Umsteuerung 162
Umwegswippkrane 126
Unfallvorschriften 139
Unterflaschen 58, 59
Untergurtkatzen 72

Verbrennungsmotoren 68, 130, 137, 159, 165, 166
Verladebrücken 81 ff.
Verschiebeankermotor 35, 159

Waagebalken 99
Waagrecht-Wippkrane 125—128
Wälzlager 13, 30, 99, 107
Wanddrehkrane 107, 108
Wandlaufkrane 93—95
Wellen 26, 27, 82, 100
Windbelastung 104, 119, 120
Wippkrane 123 ff.
Wirkungsgrade 12, 13

Zahngesperre 141
Zahnräder 16 ff., 138
Zahnstange 9, 124
Zangen 59 ff.
Zapfen 99—101, 121
Zentrierzapfen 121, 137

GESAMTVERZEICHNIS

SAMMLUNG GÖSCHEN

DAS WISSEN DER WELT IN KURZEN, KLAREN, ALLGEMEINVERSTÄNDLICHEN EINZELDARSTELLUNGEN NACH DEN LEHRPLÄNEN DER DEUTSCHEN UNIVERSITÄTEN UND HOCHSCHULEN AUFGEBAUT

JEDER BAND DM 2,40

DOPPELBAND DM 4,80

STAND APRIL 1954

WALTER DE GRUYTER & CO.

BERLIN W 35

INHALTSVERZEICHNIS

	Seite
Biologie	11
Botanik	11
Chemie	10
Deutsche Sprache und Literatur	5
Elektrotechnik	13
Englisch	6
Erd- und Länderkunde	7
Französisch	6
Geologie	12
Germanisch	5
Geschichte	4
Griechisch	6
Hebräisch	7
Hoch- und Tiefbau	15
Indogermanisch	5
Italienisch	6
Kristallographie	12
Kunst	4
Land- und Forstwirtschaft	12
Lateinisch	6
Maschinenbau	14
Mathematik	8
Metall	13
Mineralogie	12
Musik	4
Pädagogik	3
Philosophie	3
Physik	10
Psychologie	3
Religionswissenschaften	3
Russisch	7
Sanskrit	7
Soziologie	3
Technologie	11
Volkswirtschaft	7
Wasserbau	14
Zoologie	12

Geisteswissenschaften

Philosophie · Pädagogik · Psychologie · Soziologie

Einführung in die Philosophie von *H. Leisegang.* 2. Auflage. 145 Seiten. 1951 . . . . Bd. 281

Erkenntnistheorie von *G. Kropp* 1. Teil: Allgemeine Grundlegung. 143 Seiten. 1950 . . . . Bd. 807

Hauptprobleme der Philosophie von *G. Simmel†.* 7., unveränd. Auflage. 177 Seiten. 1950 . . . . Bd. 500

Geschichte der Philosophie

I: Die griechische Philosophie von *W. Capelle.* 1. Teil. Von Thales bis Leukippos. 2., erweiterte Auflage. 135 Seiten. 1953 . . . . Bd. 857

II: Die griechische Philosophie von *W. Capelle.* 2. Teil. Von der Sophistik bis zum Tode Platons. 2., stark erweiterte Auflage. 144 Seiten. 1953 . . . . Bd. 859

III: Die griechische Philosophie von *W. Capelle.* 3. Teil. Vom Tode Platons bis zur Alten Stoa. 2., stark erweiterte Auflage. 132 Seiten. 1954 . . . . Bd. 859

IV: Die griechische Philosophie von *W. Capelle.* 4. Teil. Von der Alten Stoa bis zum Eklektizismus im 1. Jahrhundert v. Chr. 2., stark erweiterte Auflage. 132 Seiten. 1954 . . . . Bd. 863

V: Die Philosophie des Mittelalters von *J. Koch.* In Vorbereitung . . . . Bd. 826

VI: Die vorkantische Philosophie von *K. Schilling.* In Vorbereitung . . . . Bd. 394

VII: Immanuel Kant von *G. Lehmann.* In Vorbereitung . Bd. 536

VIII: Die Philosophie des 19. Jahrhunderts von *G. Lehmann.* 1. Teil. 151 Seiten. 1953 . . . . Bd. 571

IX: Die Philosophie des 19. Jahrhunderts von *G. Lehmann.* 2. Teil. 168 Seiten. 1953 . . . . Bd. 709

X: Die Philosophie im ersten Drittel des 20. Jahrhunderts von *G. Lehmann.* In Vorbereitung . . . . . Bd. 845

Die geistige Situation der Zeit (1931) von *K. Jaspers.* 3., unveränderter Abdruck der 1932 bearbeiteten 5. Auflage. 211 Seiten. 1953 . . . . Bd. 1000

Philosophisches Wörterbuch von *M. Apel.* 4., unveränderte Auflage. 260 Seiten. 1953 . . . . Bd. 1031

Geschichte der Pädagogik von *H. Weimer.* 11., neubearbeitete und vermehrte Auflage. 1954. In Vorbereitung . . . Bd. 145

Therapeutische Psychologie. Freud – Adler – Jung von *W. M. Kranefeldt.* Mit einer Einführung von *C. G. Jung.* 2. Auflage. 152 Seiten. 1950 . . . . Bd. 1034

Soziologie. Geschichte und Hauptprobleme von *L. von Wiese.* 4. Auflage. 151 Seiten. 1950 . . . . Bd. 101

Religionswissenschaften

Buddhismus von *E. Waldschmidt.* 2 Teile. 1955. In Vorber. Bd. 174/770

Jesus von *M. Dibelius†.* 2. Auflage. Unveränderter Nachdruck. 137 Seiten. 1949 . . . . Bd. 1130

Paulus von *M. Dibelius†.* Nach dem Tode des Verfassers herausgegeben und zu Ende geführt von *W. G. Kümmel.* 155 Seiten. 1951 . . . . Bd. 1160

Musik

Musikästhetik von *H. J. Moser.* 180 Seiten. 1953 . . . . Bd. 344

Systematische Modulation von *R. Hernried.* 2. Auflage. 136 Seiten. 1950 . . . . Bd. 1094

Der polyphone Satz von *E. Pepping.* 1. Teil: Der cantus-firmus-Satz. 2. Auflage. 223 Seiten. 1950 . . . . Bd. 1148

Harmonielehre von *H. J. Moser.*

I: 112 Seiten. 1954 . . . . Bd. 809

II: In Vorbereitung . . . . Bd. 810

Gesangskunst von *H. J. Moser.* In Vorbereitung . . . . Bd. 576/576a

Die Kunst des Dirigierens von *H. W. von Waltershausen.* 2. Auflage. 138 Seiten. 1954 . . . . Bd. 1147

Die Technik des Klavierspiels aus dem Geiste des musikalischen Kunstwerkes von *K. Schubert* †. 3. Auflage. 108 Seiten. 1954 . . . . Bd. 1045

Die Musik des 19. Jahrhunderts von *W. Oehlmann.* 180 Seiten. 1953 . . . . Bd. 170

Kunst

Stilkunde von *H. Weigert.*

I: Vorzeit, Antike, Mittelalter. 2. Auflage. 136 Seiten. Mit 94 Abbildungen. 1954 . . . . Bd. 80

II: Spätmittelalter und Neuzeit. 2. Auflage. 141 Seiten. Mit 84 Abbildungen. 1954 . . . . Bd. 781

Geschichte

Einführung in die Geschichtswissenschaft von *P. Kirn.* 2. Auflage. 121 Seiten. 1952 . . . . Bd. 270

Archäologie von *A. Rumpf.*

I: Einleitung, historischer Überblick. 143 Seiten mit 6 Abbildungen im Text und 12 Tafeln. 1953 . . . . . Bd. 538

II: In Vorbereitung . . . . Bd. 539

Kultur der Urzeit von *F. Behn.* 4. Auflage der „Kultur der Urzeit". Band I–III von *M. Hoernes.*

I: Die vormetallischen Kulturen. (Die Steinzeiten Europas. Gleichartige Kulturen in anderen Erdteilen). 172 Seiten mit 48 Abbildungen. 1950 . . . . Bd. 564

II: Die älteren Metallkulturen. (Der Beginn der Metallbenutzung. Kupfer- und Bronzezeit in Eurpoa, im Orient und in Amerika). 160 Seiten mit 67 Abbildungen. 1950 Bd. 565

III: Die jüngeren Metallkulturen. (Das Eisen als Kulturmetall. Hallstatt-Latene-Kultur in Europa. Das erste Auftreten des Eisens in den anderen Erdteilen). 149 Seiten mit 60 Abbildungen. 1950 . . . . Bd. 566

Vorgeschichte Europas von *F. Behn.* Völlig neue Bearbeitung der 7. Auflage der „Urgeschichte der Menschheit" von *M. Hoernes.* 125 Seiten mit 47 Abbildungen. 1949 . . . Bd. 42

Von den Karolingern zu den Staufern von *J. Haller.* Die altdeutsche Kaiserzeit (900–1250). 3. Auflage. 141 Seiten mit 4 Karten. 1944 . . . . Bd. 1065

Deutsche Geschichte im Zeitalter der Reformation, der Gegenreformation und des 30jährigen Krieges von *F. Hartung.* **129 Seiten. 1951** . . . . Bd. 1105

Quellenkunde der deutschen Geschichte im Mittelalter von *K. Jacob*† (bis zur Mitte des 15. Jahrhunderts).
I: Einleitung, Allgemeiner Teil. Die Zeit der Karolinger. 5. Auflage. 118 Seiten. 1949 . . . . Bd. 279
II: Die Kaiserzeit (911–1250). 4. Auflage. 127 Seiten. 1949 Bd. 280
III: Das Spätmittelalter (vom Interregnum bis 1500). Unter Verwendung der Hinterlassenschaft herausgegeben von *F. Weden*. 152 Seiten. 1952 . . . . Bd. 284
Zeitrechnung der römischen Kaiserzeit, des Mittelalters und der Neuzeit von *H. Lietzmann*†. Für die Jahre 1–2000 n. Chr. 2. Auflage. Von A. Hofmeister. 1954. In Vorbereitung . . . . Bd. 1085
Badische Geschichte von A. Krieger. 137 Seiten. 1921 . . . . Bd. 230
Geschichte Englands von *H. Preller*.
I: bis 1815. 3., stark umgearbeitete Auflage. 135 Seiten mit 7 Stammtafeln und 2 Karten im Text. 1952 . . . . Bd. 375
II: In Vorbereitung . . . . Bd. 1088
Thüringische Geschichte von *E. Devrient*. 2. Auflage. 136 Seiten. 1921. . . . . Bd. 352

Deutsche Sprache und Literatur

Deutsches Rechtschreibungswörterbuch von *M. Gottschald*. 2., verbesserte Auflage. 269 Seiten. 1953 . . . . . Bd. 200/200a
Deutsche Wortkunde von *A. Schirmer*. Eine kulturgeschichtliche Betrachtung des deutschen Wortschatzes. 3., durchgesehene Auflage. 109 Seiten. 1949 . . . . Bd. 929
Deutsche Sprachlehre von *W. Hofstaetter*. 9., neubearbeitete Auflage von *G. Spree*. 114 Seiten. 1953 . . . . Bd. 20
Redetechnik von *H. Biehle*. Eine Einführung in die Rhetorik. 115 Seiten. 1954 . . . . Bd. 61
Sprechen und Sprachpflege von *H. Feist*. (Die Kunst des Sprechens). 2., verbesserte Auflage. 99 Seiten mit 25 Abbildungen. 1952 . . . . Bd. 1122
Deutsches Dichten und Denken von der germanischen bis zur staufischen Zeit von *H. Naumann*. (Deutsche Literaturgeschichte vom 5.–13. Jahrhundert). 2., verbesserte Auflage. 166 Seiten. 1952 . . . . Bd. 1121
Deutsches Dichten und Denken vom Mittelalter zur Neuzeit von *G. Müller* (1270–1700). 2., durchgesehene Auflage. 159 Seiten. 1949 . . . . Bd. 1086
Deutsches Dichten und Denken von der Aufklärung bis zum Realismus von *K. Viëtor* (Deutsche Literaturgeschichte von 1700–1890). 2., durchgesehene Auflage. 156 Seiten. 1949 . . . . Bd. 1096
Deutsche Heldensagen von *H. Schneider*. In Vorbereitung . . Bd. 32
Der Nibelunge Nôt in Auswahl mit kurzem Wörterbuch von *K. Langosch*. 9., umgearbeitete Auflage. 164 Seiten. 1953 Bd. 1
Die deutschen Personennamen von *M. Gottschald*. In Vorbereitung . . . . Bd. 422

Indogermanisch · Germanisch

Gotisches Elementarbuch von *H. Hempel*. Grammatik, Texte mit Übersetzung und Erläuterungen. 2., umgearbeitete Auflage. 165 Seiten. 1953 . . . . Bd. 79

Indogermanische Sprachwissenschaft von *H. Krahe*. 2. Auflage. 134 Seiten. 1948 . . . . Bd. 59

Germanische Sprachwissenschaft von *H. Krahe*. 2. Auflage.
I: Einleitung und Lautlehre. 127 Seiten. 1948 . . . . . . Bd. 238
II: Formenlehre. 140 Seiten. 1948 . . . . Bd. 780

Althochdeutsches Elementarbuch von *H. Naumann* † und *W. Betz*. 2. Auflage. 156 Seiten. 1954 . . . . Bd. 1111

Altnordisches Elementarbuch von *F. Ranke*. Schrifttum, Sprache, Texte mit Übersetzung und Wörterbuch. 2., durchgesehene Auflage. 146 Seiten. 1949 . . . . . Bd. 1115

Englisch · Französisch · Italienisch

Altenglisches Elementarbuch von *M. Lehnert*. Einführung, Grammatik, Texte mit Übersetzung und Wörterbuch. 2., verbesserte und vermehrte Aufl. 176 Seiten. 1950 . Bd. 1125

Beowulf von *M. Lehnert*. Eine Auswahl mit Einführung, teilweiser Übersetzung, Anmerkungen und etymologischem Wörterbuch. 2., verbesserte Auflage. 135 Seiten. 1949 Bd. 1135

Englische Literaturgeschichte.
I: Die alt- und mittelenglische Periode von *F. Schubel*. 163 Seiten. 1954 . . . . Bd. 1114
II: Von der Renaissance bis zur Aufklärung von *Paul Meissner*†. 139 Seiten. 1937 . . . . Bd. 1116
III: Romantik und Viktorianismus von *Paul Meissner*†. 150 Seiten. 1938 . . . . Bd. 1124
IV: Das 20. Jahrhundert von *Paul Meissner*†. 150 Seiten. 1939 . . . . Bd. 1136

Romanische Sprachwissenschaft von *H. Lausberg*. 2 Bände. In Vorbereitung . . . . Bd. 128/250

Italienische Literaturgeschichte von *K. Vossler*. Unveränderter Nachdruck der 1927 erschienenen 4., durchgesehenen und verbesserten Auflage. 148 Seiten. 1948 . . . . Bd. 125

Shakespeare von *P. Meissner*†. 2. Auflage, neubearbeitet von M. Lehnert. 136 Seiten. 1954 . . . . Bd. 1142

Griechisch · Lateinisch

Griechische Sprachwissenschaft von *W. Brandenstein*.
I: Einleitung, Lautsystem, Etymologie. 160 Seiten. 1954 Bd. 117

Geschichte der griechischen Sprache von *O. Hoffmann*†.
I: Bis zum Ausgang der klassischen Zeit. 3., umgearbeitete Auflage von *A. Debrunner*. 156 Seiten. 1954 . . . . Bd. 111
II: In Vorbereitung . . . . Bd. 114

Geschichte der griechischen Literatur von *W. Nestle*. 2., verbesserte Auflage.
I: Von den Anfängen bis auf Alexander d. Gr. 148 Seiten. 1950 . . . . Bd. 70
II: Von Alexander d. Gr. bis zum Ausgang der Antike. 128 Seiten. 1945 . . . . Bd. 557

Geschichte der lateinischen Sprache von *F. Stolz*†. 3., stark umgearbeitete Auflage von *A. Debrunner*. 136 Seiten. 1953 Bd. 492

Hebräisch · Sanskrit · Russisch

Hebräische Grammatik von *G. Beer*†. 2., völlig neubearbeitete Auflage von *R. Meyer.*
I: Schrift-, Laut- und Formenlehre I. 157 Seiten. 1952. Bd. 763/763a
II: Schrift-, Laut- und Formenlehre II. 1954. In Vorbereitung . . . . Bd. 764/764a
Hebräisches Übungsbuch von *G. Beer*† und *R. Meyer.* In Vorbereitung . . . . Bd. 769
Sanskrit-Grammatik von *M. Mayrhofer.* 89 Seiten. 1953 . . . Bd. 1158
Russische Grammatik von *G. Berneker.* 6., unveränderte Auflage von *M. Vasmer.* 155 Seiten. 1947 . . . . Bd. 66

Erd- und Länderkunde

Afrika von *F. Jaeger.* Ein geographischer Überblick. 2., umgearbeitete Auflage
I: Der Lebensraum. 174 Seiten. 1954 . . . . Bd. 910
II: Mensch und Kultur. 155 Seiten. 1954 . . . . Bd. 911
Amerika von *H. Dreyhaus.* 2 Bände. In Vorbereitung . . Bd. 855/856
Australien und Ozeanien von *H. J. Krug.* 176 Seiten mit 46 Skizzen. 1953 . . . . Bd. 319
Eiszeitalter von *E. Hameister.* In Vorbereitung . . . . Bd. 431
Kartenkunde von *M. Eckert-Greifendorff*†. 3., durchgesehene Auflage von *W. Kleffner.* 149 Seiten mit 63 Abb. 1950 Bd. 30

Volkswirtschaft

Allgemeine Betriebswirtschaftslehre von *K. Mellerowicz.* 8., unveränderte Auflage.
I: 142 Seiten. 1954 . . . . Bd. 1008
II: 112 Seiten. 1954 . . . . Bd. 1153
III: 143 Seiten. 1954 . . . . Bd. 1154
Statistik von *E. Meier* 2 Bände. In Vorbereitung . . . . . . Bd. 746

Naturwissenschaften

Mathematik

Geschichte der Mathematik von *J. E. Hofmann*
I: Von den Anfängen bis zum Auftreten von Fermat und Descartes. 200 Seiten. 1953 . . . . Bd. 226
Mathematische Formelsammlung von *F. Ringleb.* Vollständig umgearbeitete Neuausgabe des Werkes von *O. Th. Bürklen.* 5., verbesserte Auflage. 274 Seiten mit 57 Figuren. 1949 . . . . Bd. 51
Fünfstellige Logarithmen von *A. Adler.* Mit mehreren graphischen Rechentafeln und häufig vorkommenden Zahlwerten. 2. Auflage. Neudruck. 127 Seiten mit 1 Tafel. 1949 . . . . Bd. 423
Arithmetik von *H. Rohrbach* (früher Fischer). 1955. In Vorbereitung . . . . Bd. 47
Höhere Algebra von *H. Hasse.* 3., verbesserte Auflage.
I: Lineare Gleichungen. 152 Seiten. 1951 . . . . Bd. 931
II: Gleichungen höheren Grades. 158 Seiten mit 5 Figuren. 1951 . . . . Bd. 932
Aufgabensammlung zur höheren Algebra von *H. Hasse* und *W. Klobe.* 2., verbesserte und vermehrte Auflage. 181 Seiten. 1952 . . . . Bd. 1082
Elementare und klassische Algebra vom modernen Standpunkt von *W. Krull.* 2., erweiterte Auflage.
I: 136 Seiten. 1952 . . . . Bd. 930
Einführung in die Zahlentheorie von *A. Scholz*†. Überarbeitet von *B. Schoeneberg.* 1954. In Vorbereitung . . . . . Bd. 1131
Gruppentheorie von *L. Baumgartner.* 2. Auflage. 115 Seiten mit 6 Figuren. 1949 . . . . Bd. 837
Funktionentheorie von *K. Knopp.* 7. Auflage
I: Grundlagen der allgemeinen Theorie der analytischen Funktionen. 139 Seiten. Nachdruck 1954 . . . . Bd. 668
II: Anwendungen und Weiterführung der allgemeinen Theorie. 130 Seiten. Nachdruck 1954 . . . . Bd. 703
Aufgabensammlung zur Funktionentheorie von *K. Knopp.* 4. Auflage.
I: Aufgaben zur elementaren Funktionentheorie. 135 Seiten .1949 . . . . Bd. 877
II: Aufgaben zur höheren Funktionentheorie. 151 Seiten. 1949 . . . . Bd. 878
Elemente der Funktionentheorie von *K. Knopp.* 3. Auflage. 144 Seiten. Nachdruck 1954 . . . . Bd. 1109
Determinanten von *H. Wielandt* (früher Fischer). 1955. In Vorbereitung . . . . Bd. 402
Differentialrechnung von *A. Witting*†. 3., neubearbeitete Auflage. Durchgesehener Neudruck. 201 Seiten mit 95 Figuren und 200 Beispielen. 1949 . . . . Bd. 87

Repetitorium und Aufgabensammlung zur Differentialrechnung von *A. Witting*†. 2., neubearbeitete Auflage. Durchgesehener Neudruck. 145 Seiten. 1949 . . . . Bd. 146

Integralrechnung von *A. Witting*†. 2., verbesserte Auflage. Durchgesehener Neudruck. 176 Seiten mit 62 Figuren und 190 Beispielen . . . . Bd. 88

Repetitorium und Aufgabensammlung zur Integralrechnung von *A. Witting*†. 2., neubearbeitete Auflage. Durchgesehener Neudruck. 121 Seiten mit 32 Figuren und 309 Beispielen. 1949. . . . . Bd. 147

Gewöhnliche Differentialgleichungen von *G. Hoheisel*. 4., neubearbeitete Auflage. 129 Seiten. 1951 . . . . Bd. 920

Partielle Differentialgleichungen von *G. Hoheisel*. 3., neubearbeitete Auflage. Etwa 130 Seiten. 1954 . . . . . Bd. 1003

Aufgabensammlung zu den gewöhnlichen und partiellen Differentialgleichungen von *G. Hoheisel*. 2., umgearbeitete Auflage. 124 Seiten. 1952 . . . . Bd. 1059

Darstellende Geometrie von *W. Haack*.

I: Die wichtigsten Darstellungsmethoden. Grund- und Aufriß ebenmäßiger Körper. 106 Seiten mit 112 Abbildungen. 1954 . . . . Bd. 142

II: Körper mit krummen Begrenzungsflächen. Kotierte Projektionen. 129 Seiten mit 86 Abbildungen. 1954 . . Bd. 143

Sammlung von Aufgaben und Beispielen zur analytischen Geometrie der Ebene von *R. Haussner*. Mit den vollständigen Lösungen. 139 Seiten mit 22 Figuren im Text. Neudruck. 1949 . . . . Bd. 256

Nichteuklidische Geometrie von *R. Baldus*†. Hyperbolische Geometrie der Ebene. 3., verbesserte Auflage, durchgesehen und herausgegeben von *F. Löbell*. 140 Seiten mit 70 Figuren im Text. 1954 . . . . Bd. 970

Differentialgeometrie von *K. Strubecker* (früher Rothe). 2 Bände. In Vorbereitung . . . . Bd. 1113

Einführung in die konforme Abbildung von *L. Bieberbach*. 4. Auflage. 147 Seiten mit 42 Zeichnungen. 1949 . . . Bd. 768

Vektoranalysis von *S. Valentiner*. Neudruck der 7. Auflage (1950). 138 Seiten mit 19 Figuren. 1954 . . . . Bd. 354

Vermessungskunde von *P. Werkmeister*.

I: Stückmessung und Nivellieren. 9. Auflage. 165 Seiten mit 145 Figuren. 1949 . . . . Bd. 468

II: Messung von Horizontalwinkeln. Festlegung von Punkten im Koordinatensystem. Absteckungen. 7. Auflage. 151 Seiten mit 93 Figuren. 1949 . . . . Bd. 469

III: Trigonometrische und barometrische Höhenmessung. Tachymetrie und Topographie. 6. Auflage. 147 Seiten mit 64 Figuren. 1949 . . . . Bd. 862

Versicherungsmathematik von *F. Böhm*.

I: Elemente der Versicherungsrechnung. 3., vermehrte und verbesserte Auflage. Durchgesehener Neudruck. 151 Seiten. 1954. . . . . Bd. 180

II: Lebensversicherungsmathematik. Einführung in die technischen Grundlagen der Sozialversicherung. 2., verbesserte Auflage. 205 Seiten. 1953 . . . . Bd. 917/917a

Physik

Einführung in die theoretische Physik von *W. Döring*
I: Mechanik. Mit 29 Abbildungen. 1954. In Vorbereitung Bd. 76
II: Theorie des elektromagnetischen Feldes. In Vorbereitg. Bd. 77

Atomphysik von *K. Bechert* und *Ch. Gerthsen*. 3., umgearb. Auflage.
I und II: 1955. In Vorbereitung . . . . Bd. 1009/1033
III: Theorie des Atombaus. 1. Teil von *K. Bechert*. 148 Seit. mit 16 Abbildungen. 1954 . . . . Bd. 1123/1123a
IV: Theorie des Atombaus. 2. Teil von *K. Bechert*. 170 Seiten mit 14 Abbildungen. 1954 . . . . Bd. 1165/1165a
V, VI und VII: 1955. In Vorbereitung . . . . . Bd. 1166/1167/1168

Differentialgleichungen der Physik von *F. Sauter*. 2. Auflage. 148 Seiten mit 16 Figuren. 1950 . . . . Bd. 1070

Physikalische Formelsammlung von *G. Mahler* und *K. M ler*. 8., verbesserte Auflage. 153 Seiten mit 69 Figuren. 1950 Bd. 136

Physikalische Aufgabensammlung von *G. Mahler* und *K. Mahler*. Mit den Ergebnissen. 7., verbesserte Auflage. 127 Seiten. 1952 . . . . Bd. 243

Chemie

Geschichte der Chemie von *G. Lockemann*. In kurzgefaßter Darstellung
I: Vom Altertum bis zur Entdeckung des Sauerstoffs. 142 Seiten mit 8 Bildnissen. 1950 . . . . Bd. 264
II: Von der Entdeckung des Sauerstoffs bis zur Gegenwart. In Vorbereitung . . . . Bd. 265

Anorganische Chemie von *W. Klemm*. 8. Auflage. 184 Seiten mit 18 Abbildungen. 1954 . . . . Bd. 37

Organische Chemie von *W. Schlenk*. 6., stark erweiterte Auflage. In Vorbereitung . . . . Bd. 38/38a

Allgemeine und physikalische Chemie von *W. Schulze*.
I: 1954. In Vorbereitung . . . . Bd. 71
II: 3., durchgesehene Auflage. 160 Seiten mit 36 Fig. 1949. Bd. 698
III.: Molekülbau. 1955. In Vorbereitung . . . . Bd. 786

Analytische Chemie von *J. Hoppe*. 5., verbesserte Auflage.
I: Reaktionen. 135 Seiten. 1950 . . . . Bd. 247
II: Gang der qualitativen Analyse. 166 Seiten. 1950 . . . Bd. 248

Maßanalyse von *G. Jander* und *K. F. Jahr*. Theorie und Praxis der klassischen und der elektrochemischen Titrierverfahren. 6. Auflage.
I: 140 Seiten mit 18 Figuren. 1952 . . . . Bd. 221
II: 139 Seiten mit 24 Figuren. 1952 . . . . Bd. 1002

Thermochemie von *W. A. Roth*. 2., verbesserte Auflage. 109 Seiten mit 16 Figuren. 1952 . . . . Bd. 1057

Physikalisch-chemische Rechenaufgaben von *E. Asmus*. 2. Auflage. 96 Seiten. 1949 . . . . Bd. 445

Stöchiometrische Aufgabensammlung von *W. Bahrdt* und *R. Scheer*. Mit den Ergebnissen. 5., verbesserte Auflage. 120 Seiten. 1952 . . . . Bd. 452

Elektrochemie und ihre physikalisch-chemischen Grundlagen von *A. Dassler*.
I: 149 Seiten mit 21 Abbildungen. 1950 . . . . Bd. 252
II: 178 Seiten mit 17 Abbildungen. 1950 . . . . Bd. 253

Technologie

Warenkunde von *K. Hassak*† und *E. Beutel*†. 7. Auflage. Neubearbeitet von *A. Kutzelnigg*.
I: Anorganische Waren sowie Kohle und Erdöl. 116 Seiten mit 19 Figuren. 1947 . . . . Bd. 222
II: Organische Waren. 143 Seiten mit 32 Figuren. 1949 . . Bd. 223

Die Fette und Öle von *K. Braun*†. 5., völlig neubearbeitete und verbesserte Auflage von *Th. Klug*. 145 Seiten. 1950 . . Bd. 335

Die Seifenfabrikation von *K. Braun*†. 3., neubearbeitete und verbesserte Auflage von *Th. Klug*. 116 Seiten mit 18 Abbildungen. 1953 . . . . Bd. 336

Textilindustrie von *A. Blümcke*.
I: Spinnerei und Zwirnerei. 112 Seiten mit 43 Abbildungen. 1954 . . . . Bd. 184

Biologie

Hormone von *G. Koller*. 2., neubearbeitete und erweiterte Auflage. 187 Seiten mit 60 Abbildungen und 19 Tabellen. 1949 . . . . Bd. 1141

Fortpflanzung im Tier- und Pflanzenreich von *J. Hämmerling*. 2., ergänzte Auflage. 135 Seiten mit 101 Abbildungen. 1951 . . . . Bd. 1138

Geschlecht und Geschlechtsbestimmung im Tier- und Pflanzenreich von *M. Hartmann*. 2., verbesserte Auflage. 116 Seiten mit 61 Abbildungen und 7 Tabellen. 1951 . Bd. 1127

Grundriß der allgemeinen Mikrobiologie von *W. Schwartz*
I: 104 Seiten mit 17 Abbildungen. 1949 . . . . Bd. 1155
II: 93 Seiten mit 12 Abbildungen. 1949 . . . . Bd. 1157

Symbiose der Tiere mit pflanzlichen Mikroorganismen von *P. Buchner*. 2., verbesserte und vermehrte Auflage. 130 Seiten mit 121 Abbildungen. 1949 . . . . Bd. 1128

Botanik

Entwicklungsgeschichte desPflanzenreiches von *H. Heil*. 2. Auflage. 138 Seiten mit 94 Abbildungen und 1 Tabelle. 1954 Bd. 1137

Morphologie der Pflanzen von *L. Geitler*. 3. Auflage. 1954. In Vorbereitung. . . . . Bd. 141

Pflanzenzüchtung von *H. Kuckuck*. 3., völlig umgearbeitete Auflage.
I: Grundzüge der Pflanzenzüchtung. 132 Seiten mit 22 Abbildungen. 1952 . . . . Bd. 1134

Die Laubhölzer von *F. W. Neger*† und *E. Münch*†. Kurzgefaßte Beschreibung der in Mitteleuropa gedeihenden Laubbäume und Sträucher. 3., durchgesehene Auflage, herausgegeben von *B. Huber*. 143 Seiten mit 63 Figuren und 7 Tabellen. 1950 . . . . Bd. 718

Die Nadelhölzer (Koniferen) und übrigen Gymnospermen von *F. W. Neger*† und *E. Münch*†. 4. Auflage. Durchgesehen und ergänzt von *B. Huber*. 140 Seiten mit 75 Figuren, 4 Tabellen und 3 Karten. 1952 . . . . Bd. 355

Zoologie

Entwicklungsphysiologie der Tiere von *F. Seidel.*
I: Ei und Furchung. 126 Seiten mit 29 Abbildungen. 1953 . . . . Bd. 1162
II: Körpergrundgestalt und Organbildung. 159 Seiten mit 42 Abbildungen. 1953 . . . . Bd. 1163

Das Tierreich.
Fische von *D. Lüdemann.* In Vorbereitung . . . . . Bd. 356
Insekten von *H. von Lengerken.* 128 Seiten mit 58 Abbildungen. 1953 . . . . Bd. 594
Lurche von *K. Herter.* In Vorbereitung . . . . . . Bd. 847
Spinnentiere von *A. Kaestner.* In Vorbereitung . . Bd. 1161
Weichtiere von *S. Jaeckel.* In Vorbereitung . . . . Bd. 440
Würmer von *S. Jaeckel.* In Vorbereitung . . . . . . Bd. 439

Vergleichende Physiologie der Tiere von *K. Herter.* 3. Auflage der „Tierphysiologie".
I: Stoff- und Energiewechsel. 155 Seiten mit 64 Abbild. 1950 . . . . Bd. 972
II: Bewegung und Reizerscheinungen. 148 Seiten mit 110 Abbildungen. 1950 . . . . Bd. 973

Land- und Forstwirtschaft

Landwirtschaftliche Tierzucht von *H. Vogel.* Die Züchtung und Haltung der landwirtschaftlichen Nutztiere. 139 Seiten mit 11 Abbildungen. 1952 . . . . Bd. 228

Kulturtechnische Bodenverbesserungen von *O. Fauser.* 4., neubearbeitete Auflage.
I: Allgemeines, Entwässerung. 122 Seiten mit 47 Abbildungen. 1947 . . . . Bd. 691
II: Bewässerung, Ödlandkultur, Umlegung. 150 Seiten mit 67 Abbildungen. 1949 . . . . Bd. 692

Agrikulturchemie von *K. Scharrer.*
I: Pflanzenernährung. 143 Seiten. 1953 . . . . Bd. 329

Geologie · Mineralogie · Kristallographie

Kristallographie von *W. Bruhns*† und *P. Ramdohr.* 4. Auflage. 106 Seiten mit 163 Abbildungen. 1954 . . . . Bd. 210

Einführung in die Kristalloptik von *E. Buchwald.* 4., verbess. Auflage. 138 Seiten mit 121 Figuren. 1952 . . . . . . Bd. 619

Lötrohrprobierkunde von *M. Henglein.* Mineraldiagnose mit Lötrohr und Tüpfelreaktion. 3., verbesserte Auflage. 91 Seiten mit 11 Figuren. 1949 . . . . Bd. 483

Mineral- und Erzlagerstättenkunde von *H. Huttenlocher.*
I: 128 Seiten mit 34 Abbildungen. 1954 . . . . Bd. 1014
II: 156 Seiten mit 48 Abbildungen. 1954 . . . . . Bd. 1015/1015a

Mineralogie von *R. Brauns*† und *K. F. Chudoba.* 9. Auflage. 1954. In Vorbereitung . . . . Bd. 29

Petrographie. Von *W. Bruhns*† und *P. Ramdohr.* 4., durchgesehene Auflage. Mit 10 Abbildungen. 1954. In Vorbereitung . . . . Bd. 173

Geologie von *F. Lotze.* In Vorbereitung . . . . Bd. 13

Technik

Metall

Metallkunde. Einführendes über Aufbau, Eigenschaften und Untersuchung von Metallen und Legierungen sowie über Grundlagen des Schmelzens, des Gießens, des Verformens, der Wärmebehandlung, der Oberflächenbehandlung, der Verbinde- und Trennarbeiten von *H. Borchers.* 2. Auflage.
- I: Aufbau der Metalle und Legierungen. 110 Seiten mit 2 Tabellen und 90 Abbildungen. 1950 . . . . Bd. 432
- II: Eigenschaften. Grundzüge der Form und Zustandsgebung. 154 Seiten mit 8 Tabellen und 100 Abbildungen. 1952 . . . . Bd. 433

Elektrotechnik

Die Gleichstrommaschine von *K. Humburg.* Durchgesehener Neudruck.
- I: 102 Seiten mit 59 Abbildungen. 1949 . . . . Bd. 257
- II: 98 Seiten mit 38 Abbildungen. 1949 . . . . Bd. 881

Die synchrone Maschine von *K. Humburg.* Neudruck. 109 Seiten mit 78 Bildern. 1951 . . . . Bd. 1146

Induktionsmaschinen von *F. Unger.* 2., erweiterte Auflage. 142 Seiten mit 49 Abbildungen. 1954 . . . . Bd. 1140

Transformatoren von *W. Schäfer.* 2. Auflage. 128 Seiten mit 74 Abbildungen. 1949 . . . . Bd. 952

Verbrennungskraftmaschinen von *W. Endres.* In Vorbereitung Bd. 1076

Die komplexe Berechnung von Wechselstromschaltungen von *H. K. Meinke.* 160 Seiten mit 114 Abbildungen. 1949 . Bd. 1156

Theoretische Grundlagen zur Berechnung der Schaltgeräte von *F. Kesselring.* 3. Auflage. 144 Seiten mit 92 Abbildungen. 1950 . . . . Bd. 711

Elektromotorische Antriebe (Grundlagen für die Berechnung) von *A. Schwaiger.* 3., neubearbeitete Auflage. 96 Seiten mit 34 Abbildungen. 1952 . . . . Bd. 827

Technische Tabellen und Formeln von *W. Müller.* 4., verbesserte und erweiterte Auflage von *E. Schulze.* 152 Seiten mit 105 Figuren. 1951 . . . . Bd. 579

Überspannungen und Überspannungsschutz von *G. Frühauf.* Durchgesehener Neudruck. 122 Seiten mit 98 Abbildungen. 1950 . . . . Bd. 1132

Dynamik von *W. Müller.* 2., verbesserte Auflage.
- I: Dynamik des Einzelkörpers. 128 Seiten mit 48 Figuren. 1952 . . . . Bd. 902
- II: Systeme von starren Körpern. 102 Seiten mit 41 Figuren. 1952 . . . . Bd. 903

Technische Schwingungslehre von *L. Zipperer.*
- I: Allgemeine Schwingungsgleichungen, einfache Schwinger. 2., neubearbeitete Auflage. 120 Seiten mit 101 Abbildungen. 1953 . . . . Bd. 953
- II: In Vorbereitung . . . . Bd. 961

Maschinenbau

Werkzeugmaschinen von *K. P. Matthes.*
I: 1954. In Vorbereitung . . . . Bd. 561

Die Maschinenelemente von *E. A. vom Ende.* 2., verbesserte Auflage. 159 Seiten mit 173 Figuren und 12 Tafeln. 1950 Bd. 3

Das Maschinenzeichnen mit Einführung in das Konstruieren von *W. Tochtermann.* 4. Auflage.
I: Das Maschinenzeichnen. 156 Seiten mit 77 Tafeln. 1950 Bd. 589
II: Ausgeführte Konstruktionsbeispiele. 130 Seiten mit 58 Tafeln. 1950 . . . . Bd. 590

Die Werkstoffe des Maschinenbaus von *A. Thum* und *C. M. von Meysenbug.* 2 Bände. In Vorbereitung . . . . Bd. 476/936

Getriebelehre von *P. Grodzinski.* 2., neubearbeitete Auflage.
I: Geometrische Grundlagen. 159 Seiten mit 142 Figuren. 1953 . . . . Bd. 1061

Gießereitechnik von *H. Jungbluth.*
I: Eisengießerei. 126 Seiten mit 44 Abbildungen. 1951 . . Bd. 1159

Die Dampfkessel und Feuerungen einschließlich Hilfseinrichtungen in Theorie, Konstruktion und Berechnung von *W. Marcard*†. 2. Auflage. Neubearbeitet von *K. Beck.*
I: Die theoretischen Grundlagen. Wärme, Verbrennung, Wärmeübertragung. 150 Seiten mit 42 Abbildungen und 16 Tabellen. 1951 . . . . Bd. 9
II: Dampfkessel. 147 Seiten mit 43 Abbildungen. 1952 . . Bd. 521

Technische Thermodynamik von *W. Nusselt.*
I: Grundlagen. 3., verbesserte Auflage. 144 Seiten mit 71 Abbildungen. 1950 . . . . Bd. 1084
II: Theorie der Wärmekraftmaschinen. Neudruck. 144 Seiten mit 87 Abbildungen und 32 Zahlentafeln. 1951 Bd. 1151

Autogenes Schweißen und Schneiden von *H. Niese.* 5. Auflage. Neubearbeitet von *A. Küchler.* 136 Seiten mit 71 Figuren. 1954 . . . . Bd. 499

Elektrische Schweißverfahren von *H. Niese.* Herausgegeben von *H. Dienst.* In Vorbereitung . . . . Bd. 1020

Wasserbau

Wasserkraftanlagen von *A. Ludin.* 2 Bände. 1955. In Vorbereitung . . . . Bd. 665/666

Verkehrswasserbau von *H. Dehnert.*
I: Entwurfsgrundlagen, Flußregelungen. 103 Seiten mit 52 Textabbildungen. 1950 . . . . Bd. 585
II: Flußkanalisierungen und Schiffahrtskanäle. 94 Seiten mit 60 Textabbildungen. 1950 . . . . Bd. 597
III: Schleusen und Hebewerke. 98 Seiten mit 70 Textabbildungen. 1950 . . . . Bd. 1152

Talsperren von *F. Tölke.* 122 Seiten mit 70 Abbildungen. 1953 Bd. 1044

Wehr- und Stauanlagen von *H. Dehnert.* 134 Seiten mit 90 Abbildungen. 1952 . . . . Bd. 965

Hoch- und Tiefbau

Die wichtigsten Baustoffe des Hoch- und Tiefbaus von *O. Graf.* 4., verbesserte Auflage. 131 Seiten mit 63 Abbildungen. 1953 . . . . Bd. 984

Baustoffverarbeitung und Baustellenprüfung des Betons von *A. Kleinlogel.* 2., neubearbeitete und erweiterte Auflage. 126 Seiten mit 35 Abbildungen. 1951 . . . . . . Bd. 978

Festigkeitslehre von *W. Gehler*† und *W. Herberg.*

I: Elastizität, Plastizität und Festigkeit der Baustoffe und Bauteile. Durchgesehener und erweiterter Neudruck. 159 Seiten mit 18 Bildern. 1952 . . . . Bd. 1144

II: Formänderung, Platten, Stabilität und Bruchhypothesen. Bearb. von W. Herberg und N. Dimitrov. Mit 94 Bildern. In Vorbereitung . . . . Bd. 1145

Grundlagen des Stahlbetonbaus von *A. Troche.* 2., neubearbeitete und erweiterte Auflage. 208 Seiten mit 75 Abbildungen, 17 Bemessungstafeln und 20 Rechenbeispielen. 1953 . . . . Bd. 1078

Hebezeuge von *G. Tafel.*

I: 2., verbesserte Auflage mit 230 Figuren. 1954. In Vorbereitung . . . . Bd. 414/414a

Fenster, Türen, Tore aus Holz und Eisen. Eine Einleitung zu ihrer guten Gestaltung, wirtschaftlichen Bemessung und handwerksgerechten Konstruktion von *W. Wickop.* 3., überarbeitete und ergänzte Auflage. 154 Seiten mit 96 Abbildungen. 1949 . . . . Bd. 1092

Heizung und Lüftung von *J. Körting*† und *W. Körting.* 8., neubearbeitete Auflage.

I: Das Wesen und die Berechnung der Heizungs- und Lüftungsanlagen. 140 Seiten mit 29 Abbildungen und 18 Zahlentafeln. 1951 . . . . Bd. 342

II: Die Ausführung der Heizungs- und Lüftungsanlagen. 150 Seiten mit 165 Abbildungen und 7 Zahlentafeln. 1954 . . . . Bd. 343

SAMNLUNG GÖSCHEN / BANDNUMMERNFOLGE

1 Langosch, Der Nibelunge Nôt
3 vom Ende, Maschinenelemente
9 Marcard-Beck, Dampfkessel I
13 Lotze, Geologie
20 Hofstaetter-Spree, Dt. Sprachlehre
29 Brauns-Chudoba, Mineralogie
30 Eckert-Greifendorff-Kleffner, Kartenkunde
32 Schneider, Dt. Heldensagen
37 Klemm, Anorganische Chemie
38/38a Schlenk, Organ. Chemie
42 Behn, Vorgeschichte Europas
47 Rohrbach, Arithmetik
51 Bürklen-Ringleb, Mathematische Formelsammlung
59 Krahe, Indogerm. Sprachwiss.
61 Biehle, Redetechnik
66 Berneker-Vasmer, Russische Grammatik
70 Nestle, Griech. Literaturgesch. I
71 Schulze, Allgem. und physikalische Chemie I
76 Döring, Einführ. i. d. theoret. Physik I
77 Döring, Einführ. i. d. theoret. Physik II
79 Hempel, Gotisches Elementarbuch
80 Weigert, Stilkunde I
87 Witting, Differentialrechnung
88 Witting, Integralrechnung
101 v. Wiese, Soziologie
111 Hoffmann-Debrunner, Geschichte der griech. Sprache I
114 Hoffmann-Debrunner, Geschichte der griech. Sprache II
117 Brandenstein, Griechische Sprachwissenschaft
125 Vossler, Italienische Literaturgeschichte
128 Lausberg, Romanische Sprachwissenschaft I
136 Mahler, Physikalische Formelsammlung
141 Geitler, Morphologie der Pflanzen
142 Haack, Darst. Geometrie I
143 Haack, Darst. Geometrie II
145 Weimer, Gesch. der Pädagogik
146 Witting, Repetitorium und Aufgabensammlung zur Differentialrechnung
147 Witting, Repetitorium und Aufgabensammlung zur Integralrechnung
170 Oehlmann, Musik des 19. Jahrhunderts
173 Bruhns-Ramdohr, Petrographie
174 Waldschmidt, Buddhismus I
180 Böhm, Versicherungsmathematik I
184 Blümcke, Textilindustrie I
200/200a Gottschald, Dt. Rechtschreibungswörterbuch
210 Bruhns-Ramdohr, Kristallographie
221 Jander-Jahr, Maßanalyse I
222 Hassak-Beutel, Warenkunde I
223 Hassak-Beutel, Warenkunde II
226 Hofmann, Geschichte der Mathematik I
228 Vogel, Landw. Tierzucht
230 Krieger, Bad. Geschichte
238 Krahe, Germ. Sprachwiss. I
243 Mahler, Physikal. Aufgabensammlung
247 Hoppe, Analytische Chemie I
248 Hoppe, Analytische Chemie II
250 Lausberg, Roman. Sprachwissenschaft II
252 Dassler, Elektrochemie I
253 Dassler, Elektrochemie II
256 Haussner, Aufgabensammlung zur analytischen Geometrie der Ebene
257 Humburg, Die Gleichstrommaschine I
264 Lockemann, Geschichte der Chemie I
265 Lockemann, Geschichte der Chemie II
270 Kirn, Einführung in die Geschichtswissenschaft
279 Jacob, Quellenkunde der deutschen Geschichte I
280 Jacob, Quellenkunde der deutschen Geschichte II
281 Leisegang, Einführung in die Philosophie

284 Jacob-Weden, Quellenkunde der deutschen Geschichte III
319 Krug, Australien und Ozeanien
329 Scharrer, Agrikulturchemie I
335 Braun-Klug, Fette und Öle
336 Braun-Klug, Seifenfabrikation
342 Körting, Heizung und Lüftung I
343 Körting, Heizung und Lüftung II
344 Moser, Musikästhetik
352 Devrient. Thüring. Geschichte
354 Valentiner, Vektoranalysis
355 Neger-Münch, Nadelhölzer
356 Lüdemann, Fische
375 Preller, Geschichte Englands I
394 Schilling, Vorkantische Philosophie
402 Wielandt, Determinanten
414/414a Tafel, Hebezeuge I
422 Gottschald, Dt. Personennamen
423 Adler, Fünfstell. Logarithmen
431 Hameister, Eiszeitalter
432 Borchers, Metallkunde I
433 Borchers, Metallkunde II
439 Jaeckel, Würmer
440 Jaeckel, Weichtiere
445 Asmus, Physikal.-chemische Rechenaufgaben
452 Bahrdt-Scheer, Stöchiometrische Aufgabensammlung
468 Werkmeister, Vermessungskunde I
469 Werkmeister, Vermessungskunde II
476 Thum-Meysenbug, Werkstoffe des Maschinenbaues I
483 Henglein, Lötrohrprobierkunde
492 Stolz-Debrunner, Geschichte der lateinischen Sprache
499 Niese, Autogen. Schweißen
500 Simmel, Hauptprobleme der Philosophie
521 Marcard-Beck, Dampfkessel und Feuerungen II
536 Lehmann, Kant
538 Rumpf, Archäologie I
539 Rumpf, Archäologie II
557 Nestle, Griechische Literaturgeschichte II
561 Matthes, Werkzeugmaschinen I
564 Behn, Kultur der Urzeit I
565 Behn, Kultur der Urzeit II
566 Behn, Kultur der Urzeit III
571 Lehmann, Philosophie des 19. Jahrhunderts I
576/576a Moser, Gesangskunst
579 Müller-Schulze, Techn. Tabellen
585 Dehnert, Verkehrswasserbau I
589 Tochtermann, Maschinenzeichnen I
590 Tochtermann, Maschinenzeichnen II
594 Lengerken, Insekten
597 Dehnert, Verkehrswasserbau II
619 Buchwald, Kristalloptik
665 Ludin, Wasserkraftanlagen I
666 Ludin, Wasserkraftanlagen II
668 Knopp, Funktionentheorie I
691 Fauser, Kulturtechn. Bodenverbesserungen I
692 Fauser, Kulturtechn. Bodenverbesserungen II
698 Schulze, Allgemeine und physikalische Chemie II
703 Knopp, Funktionentheorie II
709 Lehmann, Philosophie des 19. Jahrhunderts II
711 Kesselring, Berechnung der Schaltgeräte
718 Neger-Münch, Laubhölzer
746 Meier, Statistik
736/763a Beer-Meyer, Hebräische Grammatik I
764/764a Beer-Meyer, Hebräische Grammatik II
768 Bieberbach, Einführung in die konforme Abbildung
769 Beer-Meyer, Hebräisches Übungsbuch
770 Waldschmidt, Buddhismus II
780 Krahe, Germ. Sprachwiss. II
781 Weigert, Stilkunde II
768 Schulze, Molekülbau
807 Kropp, Erkenntnistheorie I
809 Moser, Harmonielehre I
810 Moser, Harmonielehre II
826 Koch, Philosophie des Mittelalters
827 Schwaiger, Elektromotorische Antriebe
837 Baumgartner, Gruppentheorie
845 Lehmann, Philosophie im ersten Drittel des 20. Jahrhunderts
847 Herter, Lurche
855 Dreyhaus, Amerika I
856 Dreyhaus, Amerika II
857 Capelle, Griech. Philosophie I

858 Capelle, Griech. Philosoph. II
859 Capelle, Griech. Philosoph. III
862 Werkmeister, Vermessungskunde III
863 Capelle, Griech. Philosoph. IV
877 Knopp, Aufgabensammlung zur Funktionentheorie I
878 Knopp, Aufgabensammlung zur Funktionentheorie II
881 Humburg, Gleichstrommaschine II
902 Müller, Dynamik I
903 Müller, Dynamik II
910 Jaeger, Afrika I
911 Jaeger, Afrika II
917/917a Böhm, Versicherungsmathematik II
920 Hoheisel, Gewöhnliche Differentialgleichungen
929 Schirmer, Dt. Wortkunde
930 Krull, Elementare und klassische Algebra I
931 Hasse, Höhere Algebra I
932 Hasse, Höhere Algebra II
936 Thum-Meysenbug, Werkstoffe des Maschinenbaues II
952 Schäfer, Transformatoren
953 Zipperer, Techn. Schwingungslehre I
961 Zipperer, Techn. Schwingungslehre II
965 Dehnert, Wehr- u. Stauanlagen
970 Baldus-Löbell, Nichteuklid. Geometrie
972 Herter, Tierphysiologie I
973 Herter, Tierphysiologie II
978 Kleinlogel, Baustoffverarbeitung und Baustellenprüfung des Betons
984 Graf, Die wichtigsten Baustoffe des Hoch- und Tiefbaues
1000 Jaspers, Geistige Situation
1002 Jander-Jahr, Maßanalyse II
1003 Hoheisel, Partielle Differentialgleichungen
1008 Mellerowicz, Allgemeine Betriebswirtschaftslehre I
1009 Bechert-Gerthsen, Atomphysik I
1014 Huttenlocher, Mineral- und Erzlagerstättenkunde I
1015/1015a Huttenlocher, Mineral- und Erzlagerstättenkunde II
1021 Niese-Dienst, Elektr. Schweißverfahren
1031 Apel, Philosophisches Wörterbuch
1033 Bechert-Gerthsen, Atomphysik II
1034 Kranefeldt, Therapeutische Psychologie
1044 Tölke, Talsperren
1045 Schubert, Technik des Klavierspiels
1057 Roth, Thermochemie
1059 Hoheisel, Aufgabensammlung zu den gewöhnl. und partiellen Differentialgleichungen
1061 Grodzinski, Getriebelehre I
1065 Haller, Von den Karolingern zu den Staufern
1070 Sauter, Differentialgleichungen der Physik
1076 Endres, Verbrennungskraftmaschinen
1078 Troche, Stahlbetonbau
1082 Hasse-Klobe, Aufgabensammlung zur Höheren Algebra
1084 Nusselt, Technische Thermodynamik I
1085 Lietzmann, Zeitrechnung
1086 Müller, Dt. Dichten u. Denken
1088 Preller, Geschichte Englands II
1092 Wickop, Fenster, Türen, Tore,
1094 Hernried, System. Modulation
1096 Viëtor, Dt. Dichten u. Denken
1105 Hartung, Dt. Geschichte im Zeitalter der Reformation
1109 Knopp, Elemente der Funktionentheorie
1111 Naumann-Betz, Althochdeutsches Elementarbuch
1113 Strubecker, Differentialgeometrie I
1114 Schubel, Englische Literaturgeschichte I
1115 Ranke, Altnord. Elementarbuch
1116 Meissner, Englische Literaturgeschichte II
1121 Naumann, Dt. Dichten und Denken
1122 Feist, Sprechen und Sprachpflege
1123/1123a Bechert-Gerthsen, Atomphysik III

1124 Meissner, Englische Literaturgeschichte III
1125 Lehnert, Altengl. Elementarbuch
1127 Hartmann, Geschlecht und Geschlechtsbestimmung im Tier- und Pflanzenreich
1128 Buchner, Symbiose der Tiere mit pflanzl. Mikroorganismen
1130 Dibelius, Jesus
1131 Scholz-Schoeneberg Einführung in die Zahlentheorie
1132 Frühauf, Überspannungen und Überspannungsschutz
1134 Kuckuck, Pflanzenzüchtung I
1135 Lehnert, Beowulf
1136 Meissner, Englische Literaturgeschichte IV
1137 Heil, Entwicklungsgeschichte des Tier- und Pflanzenreichs
1138 Hämmerling, Fortpflanzung im Tier- und Pflanzenreich
1140 Unger, Induktionsmaschinen
1141 Koller, Hormone
1142 Meissner-Lehnert, Shakespeare
1144 Gehler, Festigkeitslehre I
1145 Herberg, Festigkeitslehre II
1146 Humburg, Synchrone Maschine
1147 v. Waltershausen, Kunst des Dirigierens
1148 Pepping, Der polyphone Satz I
1151 Nusselt, Technische Thermodynamik II
1152 Dehnert, Verkehrswasserbau III
1153 Mellerowicz, Allgem. Betriebswirtschaftslehre II
1154 Mellerowicz, Allgem. Betriebswirtschaftslehre III
1155 Schwartz, Mikrobiologie I
1156 Meinke, Kompl. Berechnung der Wechselstromschaltungen
1157 Schwartz, Mikrobiologie II
1158 Mayrhofer, Sanskrit-Grammatik
1159 Jungbluth, Gießereitechnik I
1160 Dibelius-Kümmel, Paulus
1161 Kaestner, Spinnentiere
1162 Seidel, Entwicklungsphysiologie der Tiere I
1163 Seidel, Entwicklungsphysiologie der Tiere II
1165/1165a Bechert-Gerthsen, Atomphysik IV
1166 Bechert-Gerthsen, Atomphysik V
1167 Bechert-Gerthsen, Atomphysik VI
1168 Bechert-Gerthsen, Atomphysik VII

AUTORENREGISTER

Adler 8
Apel 3
Asmus 10
Bahrdt-Scheer 10
Baldus-Löbell 9
Baumgartner 8
Bechert-Gerthsen 10
Beer-Meyer 7
Behn 4
Berneker-Vasmer 7
Bieberbach 9
Biehle 5
Blümcke 11
Böhm 9
Borchers 13
Brandenstein 6
Braun-Klug 11
Brauns-Chudoba 12
Bruhns-Ramdohr 12
Buchner 11
Buchwald 12
Bürklen-Ringleb 8
Capelle 3
Dassler 10
Dehnert 14
Devrient 5
Dibelius 3
Dibelius-Kümmel 3
Döring 10
Dreyhaus 7
Eckert-Greifendorff-Kleffner 7
Ende, vom 14
Endres 13
Fauser 12
Feist 5
Frühauf 13
Gehler-Herberg 15
Geitler 11
Gottschald 5
Graf 15
Grodzinski 14
Haack 9
Haller 4
Hameister 7
Hämmerling 11
Hartmann 11
Hartung 4
Hassak-Beutel 11
Hasse 8
Hasse-Klobe 8
Haußner 9
Hell 11
Hempel 5
Henglein 12
Herberg 15
Hernried 4
Herter 12
Hoffmann-Debrunner 6
Hofmann 8
Hofstaetter-Spree 5
Hoheisel 9
Hoppe 10
Humburg 13
Huttenlocher 12
Jacob 5
Jacob-Weden 5
Jaeckel 12
Jaeger 7
Jander-Jahr 10
Jaspers 3
Jungbluth 14
Kaestner 12
Kesselring 13
Kirn 4
Kleinlogel 15
Klemm 10
Knopp 8
Koch 3
Körting 15
Koller 11
Krahe 6
Kranefeldt 3
Krieger 5
Kropp 3
Krug 7
Krull 8
Kuckuck 11
Langosch 5
Lausberg 6
Lehmann 3
Lehnert 6
Leisegang 3
Lengerken 12
Lietzmann 5
Lockemann 10
Lotze 12
Ludin 14
Lüdemann 12
Mahler 10
Marcard-Beck 14
Matthes 14
Mayrhofer 7
Meier 7
Meinke 13
Meissner 6
Mellerowicz 6
Moser, 4
G. Müller 5
W. Müller 13
Müller-Schulze 13
Naumann 5
Naumann-Betz 6
Neger-Münch 11
Nestle 6
Niese 14
Niese-Dienst 14
Nusselt 14
Oehlmann 4
Pepping 4
Preller 5
Ranke 6
Rohrbach 8
Roth 10
Rumpf 4
Sauter 10
Schäfer 13
Scharrer 12
Schilling 3
Schirmer 5
Schlenk 10
Schneider 5
Scholz-Schoeneberg 8
Schubel 6
Schubert 4
Schulze 10
Schwaiger 13
Schwartz 11
Seidel 12
Simmel 3
Stolz-Debrunner 6
Strubecker 9
Tafel 15
Thum-Meysenbug 14
Tochtermann 14
Tölke 14
Troche 15
Unger 13
Valentiner 9
Viëtor 5
Vogel 12
Vossler 6
Waldschmidt 3
von Waltershausen 4
Weigert 4
Weimer 3
Werkmeister 9
Wickop 15
Wielandt 8
von Wiese 3
Witting 8, 9
Zipperer 13

www.fsc.org
MIX
Papier | Fördert gute Waldnutzung
FSC® C083411

Kolibri 360 GmbH
Ferdinand-Jühlke-Straße 7
99095 Erfurt, Deutschland
produktsicherheit@kolibri360.de